本书出版得到中国—东盟海上合作基金支持（外财函【2017】513号）

古小松　方礼刚 ◎ 主编

海洋文化研究

HAIYANG WENHUA YANJIU

（第3辑）

中国出版集团有限公司

世界图书出版公司

广州·上海·西安·北京

图书在版编目（CIP）数据

海洋文化研究. 第 3 辑 / 古小松，方礼刚主编. －－
广州：世界图书出版广东有限公司，2023.12
ISBN 978-7-5232-1016-1

Ⅰ. ①海… Ⅱ. ①古… ②方… Ⅲ. ①海洋－文化研
究－中国－文集 Ⅳ. ①P7-05

中国国家版本馆 CIP 数据核字（2024）第 003338 号

书　　名	海洋文化研究（第 3 辑）	
	HAIYANG WENHUA YANJIU（DI-3 JI）	
主　　编	古小松　方礼刚	
责任编辑	张东文	
出版发行	世界图书出版有限公司　世界图书出版广东有限公司	
地　　址	广州市海珠区新港西路大江冲 25 号	
邮　　编	510300	
发行电话	020-84184026　84453623	
网　　址	http://www.gdst.com.cn	
邮　　箱	wpc_gdst@163.com	
经　　销	新华书店	
印　　刷	广州市迪桦彩印有限公司	
开　　本	787 mm×1092 mm　1/16	
印　　张	14.25	
字　　数	247 千字	
版　　次	2023 年 12 月第 1 版　2023 年 12 月第 1 次印刷	
国际书号	ISBN 978-7-5232-1016-1	
定　　价	58.00 元	

目　录

海洋文化理论探讨

新时代海洋文化体系建构的理论框架与目标路径①

姜秀敏　陈　麒②

【内容提要】海洋文化是中华民族向海洋进军的精神动力，是建设海洋强国的重要软实力支撑。一直以来，中国海洋文化自主知识体系和话语体系的不足导致海洋文化元理论供给短缺，既不能满足新时代加快建设海洋强国的战略需求，也难以解决"挨骂"和形象"他塑"问题。建构新时代海洋文化体系不仅急迫而且意义重大。新时代海洋文化体系是由海洋文化各要素相互连接的有机系统，是海洋文化特质和海洋文化复合体的组合。就本质而言，它不仅是中国话语和中国特色的理论体系，旨在打破西方海洋研究话语权垄断，更是解决中国问题和回答时代课题的实践体系，旨在为中国海洋文化正名、定位、谋发展，因而确立了形成新时代海洋文化理论、建构海洋文化自主知识体系和话语体系，以及培育海洋文化自觉自信的具体目标。新时代海洋文化体系若要有效发挥作用，必然要在整个社会系统中去构建"五位一体"的子系统，才能真正推动"海洋大国"向"海洋强国"的转变。

【关键词】海洋文化；海洋文化体系；海洋强国战略

21 世纪是海洋的世纪，海洋文化的战略地位和作用发挥在激烈的海洋

---

①　基金项目：海南省社科规划项目"习近平新时代经略海洋思想及海南的生动实践研究"（批准号 HNSK(ZC)22-181），海南省高等学校教育教学改革研究重点项目"公共管理专业学位案例库建设研究"（批准号 HnjgY2022ZD-2），国家社科基金一般项目"多元主体合作视阈下的南海岛礁民事功能服务能力建设研究"（批准号 22BGJ014）和海南省马克思主义理论研究和建设工程专项课题"习近平关于海洋强国建设重要论述及海南的生动实践研究"（2003HNMGC03）。

②　作者简介：姜秀敏，1975 年生，女，海南大学教授，博导，海南省杰出人才，海南省中国特色社会主义理论体系研究中心特约研究员，教育部人文社会科学重点研究基地海洋发展研究院高级研究员，主要研究方向为政府治理与改革、海洋战略与海洋治理等；陈麒，1997 年生，海南大学马克思主义学院博士研究生，主要研究方向为马克思主义中国化、习近平新时代中国特色社会主义思想。

竞争中日益突出，成为影响国家海洋实力的关键因素。中国是一个海洋大国，党的十八大以后，我国海洋事业发展循序渐进、步稳蹄疾。党的十八大报告提出"建设海洋强国"[①]，习近平总书记在 2013 年访问东盟时提出"21世纪海上丝绸之路"[②]的战略，至此"一带一路"成为区域陆海合作的开放型国际合作机制。随着社会主要矛盾和世界海洋形势变化，在党的十九大报告和二十大报告中进一步指出要"加快建设海洋强国"[③]。海洋强国建设需要智力支撑，中国海洋文化历史悠久、内涵丰富，世界百年未有之大变局下，如何有效促进海洋文化服务和支撑海洋强国、文化强国和中国式现代化建设，如何化解长期存在的海洋文化研究不规范、不自信、不自主的学术现象，已经成为当代学界、政府和社会各界面临的艰巨而光荣的历史使命。因此，突破西方海洋文化研究视野局限，立足新时代的历史任务和"两个大局"，构建新时代的海洋文化体系应运而生。

一、问题的提出及研究发现

新时代海洋文化体系的建构虽然是一个全新的课题，但是并不是难以定位、不可探索的陌生知识领域，而有着深厚的历史传统和研究经验。人们普遍关注、重视"海洋文化"，是全球性"海洋时代"到来和我国海洋强国战略、文化强国战略发展的大势使然。

(一) 海洋文化研究学术史梳理

海洋文化是人类直接和间接的以海洋资源与环境为条件创造的文化[④]，中国是世界上历史最为悠久的海洋大国，拥有丰富雄厚的海洋文化。我国

---

① 胡锦涛：《坚定不移沿着中国特色社会主义道路前进　为全面建成小康社会而奋斗》，载《人民日报》，2012 年 11 月 18 日，001 版。

② 习近平：《习近平谈治国理政》，北京：外文出版社，2014 年，第 293 页。

③ 习近平：《高举中国特色社会主义伟大旗帜　为全面建设社会主义现代化国家而团结奋斗：在中国共产党第二十次全国代表大会上的报告》，北京：人民出版社，2022年，第 32 页。

④ 杨国桢：《论海洋人文社会科学的概念磨合》，载《厦门大学学报（哲学社会科学版）》，2000 年第 1 期，第 96—101、145 页。

"海洋文化"意识与学术自觉的出现①，开始于世界和中国都在向海洋进军、即将步入"海洋世纪"的 20 世纪 90 年代。我国作为一个世界海洋大国，受全球性"海洋大潮"的影响、刺激和裹挟，开始"向海洋进军"，大力开发海洋，"海洋发展战略""海洋强国战略"应运而生。但是，海洋开发竞争所带来的海洋资源枯竭、环境恶化、国际形势紧张等问题，也引发了海洋发展方式的普遍性担忧，我们应该如何认识海洋、如何经略海洋、如何关爱海洋，成了各国面临的重大问题。人们越来越普遍地发现，海洋发展问题绝不仅仅是经济发展方式的问题，而是用什么样的海洋意识、观念、思想指导这种开发、发展和权益维护的"海洋文化"问题。

自此之后，学界开始关注研究海洋文化，阐释和探讨海洋文化的本质、内涵与特征等，海洋文化研究"集体无意识"的状态逐渐规范，并在海洋文化学科创立后进入了快速发展时期，实现从无到有、愈渐丰盈的转变，理论性研究和应用性研究呈现遍地开花之势，涌现了"海洋文化研究""海洋历史文化研究""海洋经济文化研究"等综合性学术单位和社会组织，以及"海上丝绸之路研究""妈祖研究""郑和研究"等专门性学术机构和学术团体。

近十年来，随着海洋经济在地区发展和国民经济增长中的贡献率越来越高，海洋文化的相关研究呈现两种趋势：一方面，海洋文化的研究更加聚焦于海洋文化产业的开发与高质量发展。《中国海洋文化与海洋文化产业开发》《我国海洋文化产业发展模式研究》《中国海洋文化产业主体及其发展研究》等一大批海洋文化产业学的专著出版，用分类和分区相结合、定性和定量相结合甚至哲学方法分析海洋文化产业发展的模式、政策、机制。以上专著在推动海洋文化以及海洋文化产业发展上提供了不同的思路，但是就产业而论产业，就模式而谈模式，忽略了海洋文化产业在新发展格局和国家海洋强国战略中的重要作用和独特地位。另一方面，海洋文化的研究更立足于海洋文化史的梳理，尤其是地方海洋文化史的挖掘和整理，以中国海洋大学曲金良教授主编的《中国海洋文化史长编》为典型，全面、系统地展示了中国海洋文化悠久、丰厚的历史面貌和发展演变轨迹。与此同时，地域性的海洋文化

---

① 曲金良：《中国海洋文化研究的学术史回顾与思考》，载《中国海洋大学学报（社会科学版）》，2013 年第 4 期，第 31—40 页。

研究成为学者挖掘的富矿,《广西海洋文化概论》《宁波海洋文化》《南海海洋文化研究》等一大批区域海洋文化研究涌现出来,揭示了中国海洋文化的区域差异性和整体的丰富性,生成了中国海洋文化研究的一个新的样式,即中国海洋文化的区域性研究。总体来看,海洋文化史的梳理,尤其是地域性海洋文化的研究,为新时代海洋文化的传承发展提供了第一手资料,但是国际海洋形势和国家海洋发展迫切需要的是从丰富悠久的海洋文化中建构出推动国家海洋软实力显著提升的战略力量,历史性的梳理显然必要,但只是基础。

(二) 海洋文化研究的限度分析

从我国重视海洋权益的建设后,学者对海洋文化的研究开始重视起来。选择"中国知网 CNKI"数据库,时间选择从 2000 年 1 月 1 日到 2023 年 10 月 1 日,分别以"海洋文化""海洋强国""海洋意识""海洋文化历史""海洋文化政策""海洋文化产业"等为主题词检索重要论文(CSSCI 与北大核心),探寻新时代海洋文化体系建构的国内研究进展,共获取文献资料 475篇。经过梳理发现:国内关于海洋文化问题研究的成果数量以 2013 年为界(见图 1),总体呈现先增加后平稳发展的态势。从研究方向看,更多关注"海洋文化产业、海洋经济、海洋生态文明、海洋意识、海洋软实力、可持续发展、海洋旅游"等视角(见图 2),也出现了一些探讨海洋强国战略与海洋文化、新时代海洋文化体系建设的成果,但数量非常有限,研究还很不充分。

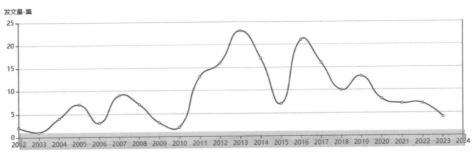

图 1　海洋文化研究发文年度趋势情况

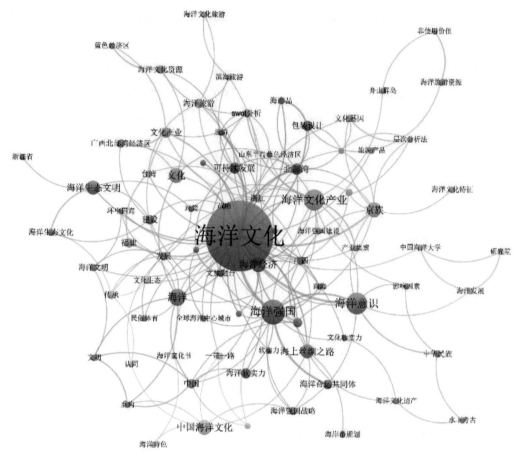

图 2　海洋文化问题研究关键词图谱

　　另外，从研究焦点来看，"海洋强国"具有极高的突现强度，远远超过了其他突现词。同时"海洋强国"一词还具有提出早、研究历时长、研究热度高的特点，自从 2013 年首次提出"海洋强国"之后一直受到学者的广泛关注，在 2020 年再次出现了研究高潮，说明当前在我国国家发展趋势中，海洋强国与海洋文化建设的联系越来越密切，海洋文化支撑服务海洋强国建设的战略地位越来越突出，对新时代海洋文化建设的战略需求越来越明显。另外，"一带一路"也作为突现词持续到近几年，说明了"一带一路"是我国新时代海洋事业建设的重点之一，是新时代海洋强国建设的新方略，而学界将"海洋文化"与"一带一路"结合研究，不仅是满足我国海洋战略的需要，也是我国海洋文化创造性转化和创新性发展的必然选择，意味着新时代海洋文化体系的建设必须具备更开阔的世界视野。（见图 3）

Keywords	Year	Strength	Begin	End	2000 - 2023
海洋强国	2013	4.63	2020	2023	
一带一路	2016	1.77	2016	2019	
文化	2004	2.34	2011	2013	
海洋	2011	2.04	2014	2016	
建设	2013	2.23	2013	2014	
海洋意识	2009	1.92	2012	2013	

图 3　海洋文化研究关键词突现分析

与此同时，通过对国外海洋文化专著和"Web of Science"数据库中海洋文化论文收集整理发现，国外海洋文化研究主要是从"多中心治理""新公共服务""网格化管理""协同治理"等理论视角，对海洋文化管理、海洋文化政策、海洋文化保护、海洋生态文化等进行多领域的系统研究。因此，通过对文献可视化分析得知，国内外针对海洋文化和海洋强国研究的侧重点有所差异，其中，国外学术界更多侧重海权理论、政治问题和生态问题，国内则呈现文化学、海洋学、教育学、历史学、文学、宗教、政治等多学科分散研究的现状。

然而，海洋文化多学科研究所形成的繁荣热烈的研究表象也掩盖了一些根本问题。由于学者的学科基础、视域视角、立场观念、学术方法不同，对海洋文化做出的认知、解释、论说各自不同，尽管学界和社会各界对此重视、强调、呼吁者多，研究涉猎、浅尝辄止者多，而真正"全身心"投入、集中深入研究的学者力量相对不够，由此导致两种情况：一方面，对到底应该怎样认知海洋文化和中国海洋文化，即中国海洋文化的内涵和外延的"边界"到底是什么、怎么样、为什么，到底应如何定位、如何评价等基本理论问题，还存在着诸多不同甚至相反的认识和观点，迫切需要从基本理论上系统地深化研究，以增强国人对中国自己的海洋文化的了解、把握和认同感，增强发展中国自己的海洋文化的自觉和自信；另一方面，对到底怎么开展海洋文化研究和海洋文化比较研究，即如何在海洋文化和中国海洋文化研究中树立自觉意识和独立意识，正确理解中国海洋文化的独特性和对人类海洋文化的贡献，如何以自主知识体系开展海洋文化的比较研究，又以何种理论推动新时代海洋文化体系的规范化建设从而服务海洋强国等重大认识问题，还存在着许多妄自菲薄的现象，需要站在时代高度、国家需求、人类文化发展的学术前沿，站在中国、中华民族的本位立场上，从西方理论、观念影响下的"流行"话语系统及其西方中心论视野中解放出来，建设和发展基于中国传统、富有中国特色、符合中国国情和当代海洋发展需要的中国海洋文化研究理论。

总之，纵观国内外还未发现关于海洋文化体系建构方面的研究成果，尤其缺乏在海洋强国战略视角下研究海洋文化体系建构的成果，海洋文化体系的基本内涵、基本构成、核心要素等重要核心问题的研究成果更是空白，可以说，学术界目前关于新时代海洋文化体系建构研究还是一片处女地，有待于持续跟踪和深入研究。

二、新时代海洋文化体系的内涵与构成

新时代海洋文化体系建构的核心问题是首先需要对海洋文化、海洋文化体系进行概念界定和解析，以确定其基本内涵和外延范畴，把握其本质属性与结构内容，准确把握海洋文化体系各个部分间的内在关系。

（一）海洋文化的基本内涵与本质属性

要明确海洋文化的概念，首先要了解何为文化。文化的内涵极为广泛，学者们对文化的界定不胜枚举。文化在马克思主义的"经济基础-上层建筑"关系框架内，被视为意识形态的产物，作为一种被经济基础所决定的上层建筑，文化或隐或现地维护着统治者的利益。"统治阶级的思想在每一时代都是占统治地位的思想……一个阶级是社会上占统治地位的物质力量，同时也是社会上占统治地位的精神力量。支配着物质生产资料的阶级，同时也支配着精神"①。其中最为普遍的广义的文化是由在人类社会历史实践过程中所创造的精神成果和物质财富构成的，狭义的文化指社会的意识形态，以及与之相适应的制度和组织机构。文化是一种历史现象，每一社会都有与其相适应的文化，并随着社会物质生产的发展而发展。

沿用上述概念，我们将海洋文化定义为人类在认识、把握、开发和利用海洋的过程中所创造的精神成果与物质财富的总和。从狭义上理解，海洋文

①《马克思恩格斯文集（第 1 卷）》，北京：人民出版社，2009 年，第 550 页。

化是人类对于海洋的认识、观念、思想与意识，包括对海洋的自然规律、战略价值和作用的认知，以及在此基础上所形成的一系列法律制度、政策规定、风俗习惯及文学艺术等。海洋文化是人类文化体系的一个重要的构成部分。由此，海洋文化的内涵具体可分为四个层面：一是与海洋有关的客观物质和物质生产构成的物质文化层，二是与海洋有关的意识形态构成的精神文化层，三是与海洋有关的法律制度、政策规定、风俗习惯等构成的社会文化层，四是由受海洋大环境制约与影响的生产活动与行为方式构成的行为文化层。①

　　海洋文化既是一个历史范畴、意识范畴、文化范畴，也是一个实践范畴。海洋文化既可以表现为物质的和非物质的文化成果，表现为人们面向海洋的各种各样的生活方式，也可以表现为人们关于海洋的创造力想象和格局预设。海洋文化是一个逐步被认知和明确的过程，它是一个知识体系的划分，是一个渗透人类文明进程的认识世界和改造世界的人类智慧的外化过程。因此，从本质上来说，海洋文化是人类与海洋的互动关系及其产物，包含人类社会依赖于海洋而形成和创造的一切文化。海洋文化不仅具有冒险性、外向性、开拓性、进取性与开放性，还具有明显的兼容性、神秘性与原创性的特征。海洋文化不是无缘无故产生的，而是有人类生存、发展和创造的直接诱因，并经历了一个漫长而懵懂的时间酝酿。

（二）海洋文化体系的内涵与内在关系

　　文化体系是指文化各要素相互连接的整合系统，具有四种属性：一是各文化要素之间功能上相互作用的文化模式化；二是诸文化要素间相互协调与依赖的文化整合；三是文化体系与文化环境之间界线的保持；四是能够自给自足而无需由其他文化体系进行交换与补充的体系自律。按照这一概念界定，可以推演出海洋文化体系的内涵，是指海洋文化各要素相互连接的整合系统，是海洋文化特质和海洋文化复合体的组合，主要包括物质文化层、制度文化层、精神文化层与行为文化层四个层次，依四层次划分法来看，海洋文化体系的基本构成要素及各部分所包含的核心要素之间的关系如图 4

---

　　① 苏勇军：《宁波海洋文化及旅游开发研究》，载《渔业经济研究》，2007 年第 1 期，第 26—30 页。

所示：

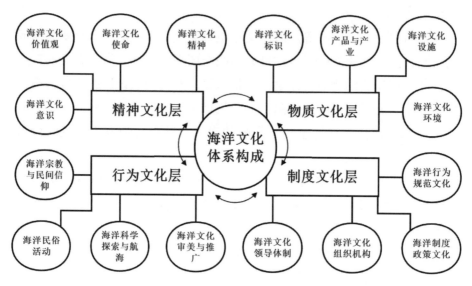

图4 海洋文化体系的基本构成和核心要素

海洋文化体系中海洋文化使命、海洋文化精神、海洋文化核心价值观和海洋文化意识属于海洋精神文化层，也是海洋文化体系中的核心要素，海洋文化使命规定海洋文化基本功能和宗旨，是海洋文化意义的高度概括；海洋文化核心价值观是指信奉并倡导的价值理念，是最高准则，回答的是应该怎么做的问题；海洋文化精神是所倡导和体现的一种追求，是全体国民共同一致、彼此共鸣的意志状态和思想境界。

海洋文化的四个层次密不可分、相互影响、相互作用，共同构成了海洋文化的完整体系。其中，海洋文化的精神层为海洋文化的物质层和制度层提供思想基础，是海洋文化的核心；海洋文化制度层约束并规范海洋文化精神层和物质层的建设；而海洋文化的物质层则是为海洋文化制度层和精神层提供物质基础，是海洋文化的外在表现和载体。失去作为海洋文化核心的精神层面的海洋文化只能是没有方向的、空虚的，而没有海洋文化物质层、制度层和行为层保障的海洋文化则是空洞的、无意义的。

三、新时代海洋文化体系的特性与定位

新时代海洋文化体系，将是一个以中国海洋文化主体为立论对象，以中

国立场为立论基点，以中国话语为立论工具，以促进中国海洋文化的健康传承和可持续发展并推动海洋强国战略实施为立论目的，以解决国民海洋文化认知、学界海洋文化解说、国家海洋文化发展以及世界海洋文化共识等理论问题与实践问题为立论目标的，能够体现中国特色、中国范式的理论体系和实践体系。

（一）新时代海洋文化体系的基本特性

1. 它是中国立场、中国话语、中国学派的、体现新时代特征的、具有中国特色的海洋文化体系。海洋强国战略下的海洋文化体系旨在打破近代以来西方学术理论话语权的垄断，从立论对象、立论基点、立论工具、立论目的，以及立论目标上形成研究海洋文化的中国学派，即用中国的话语建构的中国理论研究阐明人类的、包括中国和世界的海洋文化基本问题。

2. 它是认知、评价中国海洋文化的理论体系。其最核心也是最基本的目的指向，是从理论上研究解决中国海洋文化体系是什么、怎么样、为什么，以及如何建构等问题。这是中国海洋文化体系研究的学术使命。

3. 它是传承、创新发展中国特色的海洋文化体系。其最根本也是最终极的目标指向，是从理论上研究解决我国海洋强国战略实施中，海洋文化面向国家需要和世界需要到底应该如何传承、如何创新发展的问题。这是中国海洋文化体系研究的实践使命。

4. 它是可以解决国家海洋战略、文化战略决策急需参考和社会各界普遍关注的相关重大、关键性基本理论问题，亦即适应中国现实迫切需求的、能够服务于国家海洋强国战略实施的中国海洋文化体系。中国作为世界海洋大国，国家应该有以什么样的思想理念为指导的海洋文化发展战略及其规划；国家的海洋强国战略、文化发展战略发展的核心价值和因此而必须确立的核心价值观应该是什么；国民海洋意识、海洋观念的核心内涵和价值取向应该是什么；如何认识中国海洋发展历史上的中外海洋文化交流，其实质、主导理念和文化影响是什么；应该如何通过海洋历史文化的研究提高国民的文化认同、文化自觉与自信；国家确定的沿海区域战略和沿海各地的海洋开发、海洋文化遗产保护、海洋文化产业发展应该树立什么样的发展目标、坚持什么样的发展原则、遵循什么样的发展理念以及最终实现什么样的发展成果；

面对国际日益激烈的海洋竞争和国家海洋权益频遭威胁的严峻形势，国家应该以什么样的指导思想总体设计，掌控世界大势，引领世界潮流，遏制乃至消除威胁与危机，主导世界海洋和平秩序的真正建立，最终实现和谐海洋理念的海洋命运共同体的共识和目标。

总之，海洋强国战略下的海洋文化体系是针对国际海洋竞争发展和国家海洋战略与文化战略发展的时代需求，针对国家和社会各界对中国海洋文化认知、发展的迫切需要，针对学界在中国海洋文化认知、发展相关研究中亟待研究解决的海洋文化体系是什么、怎么样、为什么、应如何建构等一系列最为基础而又最为关键的基本理论问题，而建构起的一个较为完整的、系统的、符合我国海洋强国战略需求的海洋文化理论体系和实践体系。

（二）新时代海洋文化体系的战略定位

新时代海洋文化体系构建是立足新时代海洋强国战略实施与服务中华民族伟大复兴决策需求而提出的决策建议，是旨在解决海洋文化元理论、海洋自主知识体系和海洋话语体系供给严重不足的理论设想，是旨在解决中国传统海洋文化创造性转换和创新性发展的实践方案，有着明晰的时代地位、理论定位和实践方位。

1. 为中国海洋文化正名

长期以来，中国海洋文化被无视、误读、歪曲不少。新时代的海洋文化体系需要树立中华民族海洋文化主体意识，对中国海洋文化开展溯源和追踪工作，还原中国海洋文化的和谐原貌，系统研究阐明中国海洋文化的内涵实质、主体要素、基本模式、主要形态及其时空边界，以世界海洋文化的多种类型模式为宏观视野和比照尺度，并以其与中国内陆文化的相互关系为参照体系，揭示中国海洋文化"和平"的精神内核、"共享"的价值追求以及"非西方唯商性"的生发机制，准确地回答中国海洋文化体系"本质是什么""影响怎么样"以及"为何形成"等基本认识问题，解决长期存在的海洋文化不自信、海洋文化不存在、海洋文化不如论等错误认识。

2. 为中国海洋文化定位

在总体把握和准确阐明中国海洋文化的起源、区域类型、要素分层、历史分期等问题基础上，着眼于国家海洋强国战略和世界海洋发展中亟需解决的重大认识和观念问题，有针对性地系统总结归纳和分析评价中国海洋文化的基本特点、主要功能、主要成就、历史贡献以及各个历史时期在中国传统文化和中国文明进程、在世界海洋文化和世界文明进程中的地位和作用，研究阐述在当代社会条件下传承、发展和创新中国海洋文化的社会意义和重大价值，明确新时代海洋文化在国家海洋战略中的地位所在和作用机制，为我国更好地参与全球海洋事务，解决海洋纷争提供理论支撑和政策指导，为政府、社会组织、企事业单位及个人参与国际海洋文化交流等活动时提供指导原则和行为规范。

3. 为中国海洋文化谋发展

在深刻理解和精准定位中国海洋文化在国家战略和世界海洋发展中的格局位置和历史使命的基础上，着眼于中国海洋文化遗产的传承发展和中国海洋文化的创新发展，从中国海洋文化的历史传统中发掘和提炼海洋文化传承发展的内在机理、作用机制、典型案例、历史经验、困境难题，开展海洋文化的谱系建构和区域分布研究工作，揭示中国海洋文化的传承历史和区域特色，明确中国海洋文化体系应如何传承、如何发展的"应如何"等基本的也是根本性的关键理论问题，解决长期存在的海洋文化特色不清、亮点不明、历史滥用、泛化窄化等问题。

四、新时代海洋文化体系建构的目标与路径

世界百年未有之大变局下，中国海洋实力的强大引起了西方传统海洋强国的恐慌，他们以占有的话语霸权、文化霸权和学术霸权歪曲中国的海洋战略，扭曲中国海洋文化，消解中国海洋理论研究，严重威胁了中国的海洋文化和战略自主。人类文明和中国社会亟需一种超越性的海洋文化体系，新时代的海洋文化体系存在和担当应该如何？立足优秀传统海洋文化的精神价值和未来世界海洋发展趋势，构建新时代海洋文化体系，将是支撑海洋强国战略、服务"21 世纪海上丝绸之路"、推动"海洋命运共同体"建设，引领世界海洋文化发展，推动人类海洋文明转型的应然选择。

（一）新时代海洋文化体系建构的基本目标

随着"海洋强国"战略的不断推进与实施，我国逐渐实现从"海洋大国"向"海洋强国"的转变，在海洋"硬实力"得到不断提升的同时，政府、学界也意识到海洋"软实力"的重要性[①]，不断加强海洋文化建设，新时代海洋文化体系建构的基本目标主要体现在以下几方面：

第一，形成新时代海洋文化理论，开拓海洋文化研究视角，为海洋文化研究提供基本范式遵循。首先，为海洋文化研究的相关学界提供一个可资参考的较为全面系统的基本体系；其次，为国家各部门、沿海地方政府及各类组织的海洋文化发展政策制定、战略规划，以及民间社会层面自觉的海洋文化传承保护、创新发展，提供一个较成体系的可作为理论支撑的参考"依据"；再次，为中国特色海洋文化相关学科的构建，提供一个较成体系的基本理论构架；最后，为海洋文化学学科的建立提供重要的理论支撑。

第二，建构海洋文化自主知识体系和话语体系，培养海洋文化研究的自觉意识、问题意识、时代意识。目前，学界和理论界形成的关于海洋文化的理论分析和话语体系同中国的海洋战略构想"不均衡、不匹配"[②]，造成了需要域外理论中国化辅助支撑。"人类进入了新海洋时代"[③]，国际海洋竞争"球情"和国家海洋战略发展的"国情"已经将海洋文化研究和海洋文化发展推到了时代发展前沿的现状下，必须将我国海洋文化研究长期受制于西方学术话语和理论视野的局面扭转过来，从西方理论、观念影响下的"流行"话语系统及其西方中心论视野中解放出来，基于中国海洋文化整体的宏观视野，高屋建瓴地揭示出中国海洋文化体系的基本内涵、主要特点、主要精神、主要成就等目前学术界尚未系统解决的最基本也是最根本性的重大关键问题，建设和发展基于中国传统、富有中国特色、符合中国国情和当代海洋发展需要的中国海洋文化体系，推动海洋文化体系与"海洋强国"战略、"文化强国"战略以及"21 世纪海上丝绸之路"战略有机衔接。

---

① 程佳琳：《现代传播环境下我国海洋文化构建传播研究》，载《经济研究导刊》，2017 年第 27 期，第 37—39 页。

② 林毅：《西方化反思与本土化创新：中国政治学发展的当代内涵》，载《政治学研究》，2018 年第 2 期，第 98—109、127—128 页。

③ 王义桅：《理解海洋命运共同体的三个维度》，载《当代亚太》，2022 年第 3 期，第 4—25、149—150 页。

第三，培育海洋文化的历史自觉和文化自信，推动新时代海洋文化的高质量发展。历史上长期存在的"本土化"思维无意识中培养了人们先验矮化甚至否定中国海洋文化的前见，造成了国内没有海洋文化或者国内的海洋文化不如西方海洋文化才需要引入的假象，丧失了对中国海洋文化的历史自信，也就更难以自觉做到海洋文化的传承与创新。新时代海洋文化体系的建构，旨在系统梳理中国海洋文化标志性的物质的和非物质的发明创造，发掘、评价其对中国海洋文化乃至整个中国文化历史进程及其对于当代世界海洋文化乃至整个世界文明进程的意义，从根本上找寻自身的、民族的传统和基因，为中华民族伟大复兴提供文化自信的源泉。中国海洋文化的问题更多是如何时代化的问题，并非本土化的问题。然而，在海洋文化时代化的过程中，出现了商品化、商业化严重倾向，而新时代海洋文化体系的建构就在于要扭转这种文化异化的倾向，把形成强大的海洋强国软实力作为战略目标，在海洋文化产业、海洋价值观、海洋文化意识上深度挖掘海洋文化内蕴的社缘、乡缘、族缘，在海洋实践中推动海洋文化自觉，推动海洋文化在新时代的高质量发展。

（二）新时代海洋文化体系建构的基本路径

文化究竟如何发展，19 世纪以来形成了进化论、传播论、社会学学派、结构主义等诸多文化学派，影响比较深远的是结构主义。从一般文化体系来看，"结构是普遍的"[①]。目前的海洋文化体系，名为建构，实际上用的还是现成的西方话语框架，因此，有必要恢复中国海洋文化的主体身份，构建新时代中国特色的海洋文化的话语体系。[②]事实上，文化体系并不是与社会系统、经济系统、政治系统等相分割的完全独立的系统，"政治、法、哲学、宗教、文学、艺术等等的发展是以经济发展为基础的。但是，它们又都互相作用并对经济基础发生作用"[③]。因此，只有把海洋文化置于整个社会系统中去把握，构建全方位的海洋文化系统，将海洋文化的发展视为社会行

[①] 皮亚杰：《结构主义》，倪连生等译，北京：商务印书馆，1984 年，第 2 页。

[②] 洪刚、洪晓楠：《中国海洋文化的内在逻辑与发展取向》，载《太平洋学报》，2017 年第 25 卷第 8 期，第 62—72 页。

[③]《马克思恩格斯文集（第 10 卷）》，北京：人民出版社，2009 年，第 668 页。

为的综合才能真正理解海洋文化的主体性。

1. 新时代海洋文化体系的系统结构

以社会行为视角来看，新时代海洋文化体系的系统结构是由理论创新与引领、历史传承与发展、教育普及与人才培养、传播与国际互鉴融合、政策与制度保障五个部分构成：

（1）海洋文化理论引领与创新是构建新时代海洋文化体系的崇高目标。学科方法和理论资源浩如烟海，从文化主义到结构主义，从霸权理论到融和主义，文化的理论谱系在建构还是解构，在功能还是分析，在进化还是保守之间选择重塑、举棋不定。"从本质上说，文化理论问题是价值观问题"[①]，新时代海洋文化理论研究是中国海洋实践的重要组成部分，是中国海洋文化建设理论的核心部分，理应反映和体现中国特色的价值观念。该部分旨在从理论上厘清海洋文化体系的基本内涵、核心要素及基本构成，明确中国特色的海洋文化理论的特殊性，找准海洋文化体系未来发展的前瞻性定位。

（2）海洋文化历史传承与发展是新时代海洋文化体系的价值目标。海洋文化的高质量发展必然要求海洋文化的传承发展必须实现"从无到有的增益""从有到优的拓展""从特到优的升华""从旧到优的更新"[②]。该部分旨在从海洋文化历史传承与发展的现状、面临的挑战和问题中探寻其具体模式和路径，明确海洋文化的重大时代价值，实现海洋文化的创造性转换和创新性发展。

（3）海洋文化教育普及与人才培养是新时代海洋文化体系的实践目标。国民海洋意识、国家海洋人才、国家海洋教育体系是重要的战略资源，关涉到海洋战略实施过程中的民心民力和发展实力。该部分关键在于阐释海洋文化教育内涵与目标，构建新时代海洋文化教育的目标体系及内容体系，探索和完善海洋文化教育模式、教育方法与体制机制，不断提升海洋文化的国民认同。

（4）海洋文化传播与国际互鉴融合是新时代海洋文化体系的战略目标。

---

① 姜秀敏、陈麒：《习近平文化思想的生成逻辑及世界贡献》，载《中共天津市委党校学报》，2023 年第 25 卷第 6 期，第 32—42 页。

② 范鹏、李新潮：《界定与辨析："创造性转化""创新性发展"的内涵解读》，载《兰州大学学报（社会科学版）》，2021 年第 49 卷第 2 期，第 110—118 页。

新时代海洋文化体系是一系列新价值、新理念、新观点、新战略的实践产物，具有超越陆海矛盾、中西冲突、人海对立的深远历史意义和世界价值。该部分侧重于如何实现中国海洋文化的内外两部分的意义建构和话语传播，对内以普遍性的海洋文化传播活动培育国民海洋意识，对外以讲好中国海洋故事提升海洋文化国际话语权，为实现海洋命运共同体提供思想源泉和国际共识。

（5）海洋文化政策与制度保障是新时代海洋文化体系的保障目标。海洋文化政策制度是海洋文化体系的重要构成部分，关系海洋事业的全局性、长期性、稳定性问题。建国以来，随着党和政府海洋事务注意力的转变，我国海洋文化政策所关注具体领域不断扩展，逐渐涉及海洋文化产业、海洋科技文化、海洋文化遗产保护等主题的海洋文化政策体系。但相较于其他领域和世界海洋政策的竞争，我国海洋文化政策"注意力持续时间短而且有限"①，海洋文化政策体系有待进一步健全完善。该部分着眼于分析海洋文化政策和制度保障与海洋强国战略的内在关联，从中央和地方的海洋文化政策中寻求历史经验和发展动力，以海洋文化政策制度的守正创新明确在海洋领域应该坚持和巩固什么、应该完善和发展什么，推动国家海洋治理体系和海洋治理能力现代化。

2. 新时代海洋文化体系的内在关系

新时代海洋文化体系的建构是一项系统工程，理论创新与引领、历史传承与发展、教育普及与人才培养、传播与国际互鉴融合、政策与制度保障是其构成的五个内在支撑子系统。五大子系统与新时代海洋强国战略的总体目标和海洋文化体系研究的理论目标遥相呼应，便于探求新时代海洋文化体系在海洋强国建设、"一带一路"建设与海洋命运共同体建设等新时代的时代任务中的建构作用与内在逻辑。从五大子系统所承担的具体任务来看，在海洋文化体系中的基本定位各有不同，海洋文化理论创新与引领是海洋文化体系建构的动力子系统，历史传承与发展是海洋文化体系建构的承载子系统，教育普及与人才培养是海洋文化体系建构的活力子系统，海洋文化传播与国

---

① 姜秀敏、李月：《我国海洋文化政策的发展历程、特征及演进规律——基于"情境-注意力"视角的分析》，载《山东行政学院学报》，2023 年第 3 期，第 40—46 页。

际互鉴融合是海洋文化体系建构的融汇子系统，政策与制度保障是海洋文化体系建构的维护子系统。这五个部分是不可或缺的，相互承接和支撑，共同构成新时代海洋文化体系的有机联系，有力提升海洋文化在国家海洋事业和中国式现代化中的建构力，成为影响国家发展的重要软实力。

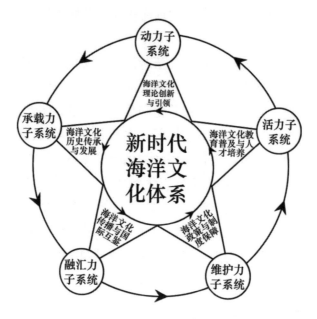

图 5　新时代海洋文化体系子系统的内在逻辑关系

五、总结与展望

21 世纪是海洋的世纪，海洋经济的角逐、海洋科技竞争以及海洋权益争夺掀起了国际竞争的新篇章，从本质上来说，左右竞争格局的、决定竞争方向的、支撑竞争策略的、能起到关键主导作用的还是海洋观念、海洋精神、海洋意识等海洋文化因素。中国是一个海洋大国，虽然拥有数千年的海洋文化史，但是在新时代仍然面临着两大挑战：一方面，应对海洋战略"挨骂"和国际形象"他塑"问题，能否用好悠久的海洋文化历史，讲好中国故事，传播好中国声音。另一方面，应对海洋强国和中国式现代化建设过程中精神动力和文化自信的支撑问题，能否实现海洋文化的创造性转换和创新性发展，赓续海洋精神，把中华民族对海洋的热爱转化为新时代下海洋实践的行动自觉。因此，新时代海洋文化体系建构的使命任重道远，在未来必将以中国立场、中国话语、中国学派的、体现新时代特征的、具有中国特色的海洋文化自主知识体系和话语体系，推动海洋文化的高质量发展，服务和支撑海洋强国、文化强国和中国式现代化建设，为找到一条和平的、和谐的、可持续的海洋发展模式做出有益探索。在这个海洋的新世纪，拥有辉煌海洋文化传统的中国也同样拥有美好的海洋文化未来，必将实现从"海洋大国"向"海洋强国"的转变。

认识误区与历史自觉：中国海洋文化发展再审视①

洪　刚②

【内容提要】人们在中国海洋文化的历史发展及其价值内涵等方面一直存在着认识的误区，造成了中国海洋发展一以贯之的和平发展海洋事业的传统及其独特价值被大大消解和忽视；在西方海洋文化的冲击与挑战下，以西方为单纯价值标准认识中国海洋文化发展，确立自我话语体系和价值观念的文化自觉严重缺失。为此，要从历史自觉的角度出发，从历时性的视野全面地认识中国海洋文化的历史，从共时性的视野洞察中国海洋文化独特的价值意蕴，在海洋文化的历史认识、评价标准、宏观评价和总体价值取向等方面，从中国海洋历史传统中汲取营养，以高度的文化自觉，用多元、和谐、和平的文化理念强调海洋文化的历史内涵、整体功能和民族特色，以确立中国海洋文化的话语体系，为我国参与世界多元的海洋文明交流对话提供有力的理论支撑和价值导向。

【关键词】中国海洋文化；认识误区；历史自觉

Misunderstandings and Historical Consciousness: A Re-examination of the Development of China's Marine Culture

Abstract: People have always had misunderstandings in the historical development of China's marine culture and its value connotations. This has caused China's marine development's consistent tradition of peaceful development of the maritime industry and its unique value to be largely dispelled and neglected; in the

---

① 基金项目：深圳市哲学社会科学规划课题"先行先试背景下中国海洋文化创造性转化和创新性发展研究"（SZ2021B007）阶段性成果。

② 作者简介：洪刚，博士，大连海事大学深圳研究院，副教授、硕士生导师，主要研究领域为海洋文化理论与海洋高等教育研究。

Western Ocean Under the impact and challenge of culture, there is a serious lack of cultural consciousness to understand the development of Chinese marine culture based on the simple value standard of the West, and to establish a self-discourse system and value concept. To this end, it is necessary to start from the perspective of cultural awareness, to comprehensively understand the history of Chinese marine culture from a diachronic perspective, and to perceive the unique value meaning of Chinese marine culture from a synchronic perspective. In terms of macro-evaluation and overall value orientation, we draw nourishment from China's marine history and traditions, with a high degree of cultural awareness, and emphasize the historical connotation, overall functions and national characteristics of marine culture with a diverse, harmonious and peaceful cultural concept, in order to innovate contemporary Chinese The theory of marine culture establishes the discourse system of Chinese marine culture, and provides strong theoretical support and value guidance for my country to participate in the world's diverse marine civilization exchanges and dialogues.

Keywords: Chinese marine culture; misunderstanding; awareness of consciousness

习近平总书记在祝贺中国社会科学院中国历史研究院成立贺信中强调：新时代坚持和发展中国特色社会主义，更加需要系统研究中国历史和文化，更加需要深刻把握人类发展历史规律，在对历史的深入思考中汲取智慧、走向未来。对中国海洋发展的认识也离不开这样的历史自觉。历史自觉就是建立在对历史发展潮流的深刻认识基础上形成的强烈的历史使命感和对自身的历史定位。"只有坚持从历史走向未来，从延续民族文化血脉中开拓前进，我们才能干好今天的事业"①。因而，开展海洋历史研究，揭示中国海洋文化的历史资源及其价值，对我国海洋文化发展进行历史总结和现实建构，已成为深入开展海洋史和海洋文化研究的内在要求，需要中国海洋文化在基础理论、发展理念和道路抉择等方面做出回答，以解决新时代中国海洋文明秩

---

① 杨艳秋：《历史自觉，把握住历史发展大势》，载《人民日报》，2020 年 9 月 2 日，05 版。

序自我建构中的历史自觉、本体自知和道路自信问题。

一、中国海洋文化发展认识误区及其表现

进入新时代，我国的经济社会进步事业将愈来愈关注海洋，国家建设发展也越来越离不开海洋，深入开展我国海洋文化发展研究成为海洋强国建设的内在要求。但是，受到传统陆地史观和西方文化中心主义的影响，对中国海洋文化发展在认识上存在诸多的曲解误读，形成了中国海洋文化发展的认识误区。譬如，中国海洋文化悠久的历史和丰富的内容没有得到客观全面的揭示；中国海洋文化的重要内涵和文化现象没有从根本上得到阐明；以西方海洋历史发展为唯一参照标准，对中国海洋文化的历史和价值观念进行片面解读；中国海洋文化的优秀传统和独特价值被消解和忽视等等。具体来说，突出表现在以下几个方面：

（一）以农业文明为本位吸纳和记录海洋文化和历史活动，遮蔽了中国海洋文化绽放的东方文明光辉和作为孕育中华文明的重要渊源的历史事实

在传统的陆主海从的认识视角下，海洋文化在文化谱系中被边缘化，中国陆海兼具的海洋发展历史被人们忽视和曲解，在对中国传统的农业文化与游牧文化冲突与交融的二元化解读之中，历史叙事一直把海洋经贸和海洋发展作为经济发展史和中外关系史的补充和陪衬。从农业文明的本位看海洋活动，则海洋经贸活动和海外文化交流在经济上是无足轻重的，九死一生的海洋冒险与四季更替的农业生产也是格格不入的，特别是边海游民，为生计所迫，为躲避官府而加入海寇和倭寇，却被人们视为化外流寇。明代史家顾祖禹在《读史方舆纪要》中有这样一段记述："客曰：……倭夷或能病我中华，其以海之故哉？曰：其倡乱者，非皆倭也，即所谓泉郎之徒也。"①这些漂泊在海上的海商和海民在人们看来甚至比倭夷更令国人敌视，历史的遮蔽使中国海洋发展事实迷离不清，大量珍贵的历史信息消失无踪，以传统王朝政治为中心的海洋叙事虚隐了无数海洋文化发展的精彩章节。

---

① 顾祖禹：《读史方舆纪要·福建方舆纪要叙》，转引自杨国桢《瀛海方程：中国海洋发展理论和历史文化》，北京：海洋出版社，2008 年，第 94 页。

（二）中国海洋文化丰富渊深的历史被遮蔽的同时，其体现的鲜明的和平性与开放性也被曲解，造成了中国海洋发展一以贯之的和平发展海洋事业的传统及其独特价值被大大消解和忽视

中国海洋文化在漫长的历史变迁和发展演进中，"形成了相对稳定的陆海兼容的生态圈，成为繁衍华夏民族生生不息的沃土"[1]，并且形成了与沿海各国人民平等友好相处的和平精神和与海洋自然和谐相处的人海和谐精神，逐渐发展成为深厚的海洋文化传统。而由于中国海洋文化总体上丰富渊深的历史被遮蔽，这种互惠的海洋经贸活动和共融的海洋文化交流活动被切割和碎片化。如明代在朝贡体系之下，有一些朝贡国为加强交流，特地选派当地华人作为贡使前往中国，但在国人看来，这些"华人夷官"却成了里通国外的非分之人。《殊域周咨录》记载：

"四夷使臣多非本国人，皆我中华无耻之士，易名窜身，窃其禄位者。……遂使窥视京师，不独细商细务，凡中国之盛衰，居民之丰歉，军储之虚实，与夫北虏之强弱，莫不周知以去。故诸蕃轻玩，稍有凭陵之意，皆此辈为之耳。"[2]

对"华人夷官"历史身份与作用的歪曲反而强化了民族意识对海洋的漠视，中国海洋文化传统独特的文化价值被遮蔽和消解，人们看不到在漫长的历史中形成的以环中国海为中心的、辐射亚洲甚至于世界的中国海洋文化圈，忽视了自古便深入人心的"天人合一""四海会同"的中国海洋文化理念与价值取向。

（三）在西方海洋文化的冲击与挑战下，以西方为单纯价值标准认识中国海洋文化发展，确立自我话语体系和价值观念的历史自觉严重缺失

15 世纪地理大发现之后，海洋浪潮席卷世界，人类发展的目光越来越多地转向海洋，对海洋历史与文化的研究也日益引起西方学者的关注。在海洋文化研究领域，以欧洲中心论构建的话语体系，海洋成为西方的象征，代表着现代和开放、先进和文明，大陆成为东方的象征，代表着传统与闭锁、

---

[1] 林惠玲、黄茂兴：《中国海洋文明与海上丝绸之路的复兴》，载《东南学术》，2016 年第 3 期。

[2] 严从简：《殊域周咨录》卷 8 "暹罗条"。

落后与保守。这种观点突出体现在德国哲学家黑格尔关于海洋文化理论的论述中。黑格尔认为，"就算他们有更多壮丽的政治建筑，就算他们自己也是以海为界——像中国便是一个例子。在他们看来，海只是陆地的中断，陆地的天限；他们和海不发生积极的关系……"[①]黑格尔意在说明，尽管中国有着悠久的文明发展史，但这种文明还只是处于文明发展初级阶段的内陆文明，与不断发展的西方海洋文化无法相比。黑格尔判断，中国的文明是以大河流域为主的农业文明，古代中国人和海"不发生积极的关系"，因而没有超越大海的行动，也没有深刻地影响中华民族的核心文化、精英文化。

　　近代以来，我国科学与文化各领域的话语体系、理论系统和工具方法都源于西方，表现在包括海洋文化在内的文化领域产生了严重的"失语症"，在价值标准上，完全以西方发展为参照系，单纯使用西方的概念和理念阐释和研究中国问题。受"西方文化是蓝色的海洋文化"和中国陆地史观影响，使用西方的话语和概念言说中国海洋文化，不仅造成了对中国海洋文化的历史发展的误读，也造成了中国海洋文化本体本位意识的缺失，缺少确立中国海洋文化话语体系和价值观念的历史自觉。

二、中国海洋文化发展认识误区原因分析

　　可以说，产生以上诸种认识误区的原因是多方面的，有看待历史发展的文化视角的原因，有现代学术研究视野与方法的原因，也有文化冲突与价值标准的原因，总结起来，主要表现在以下几个方面：

（一）重陆轻海的传统思维定式遮蔽了中国海洋文化的历史全貌，陆海兼具的海洋历史被曲解和忽视

　　人们看待海洋和陆地的不同视角决定了不同的认识结果：从陆地看海洋，以陆地为本位，则海洋必是陆地的边缘，海洋发展必成为陆地发展补充；从海洋看陆地，以海洋为本位，则陆地是海中之岛。地球表面十分之七为水覆盖，陆地本就是海中之大岛，即魏源所言之"大海国"，从海洋到陆地再走向海洋的变迁，这既是人类历史行走的路线，也是人海关系的变迁路

---

① 黑格尔：《历史哲学》，王造时译，北京：三联书店，1956 年，第 133—135 页。

线，是人对海洋情感的自我觉悟。无论现在和将来，海洋所呈现的巨大经济效益和深厚的文化价值与其说是人转身向海的原因，不如说是人海关系自然而然的结果。

受陆地史观的影响，一直以来人们都在传统的农业文化和游牧文化的二元互动中来解读海洋文化，将其视为主流文化的陪衬和补充；封建王朝的兴衰系之于农业文明与游牧文明的冲突与互动，海洋生产被视为陆地农业生产的延伸，海洋经贸被视为陆域经济活动的补充，海洋商业活动被视为百业之末，海洋逐利行为在价值取向上被主流文化排斥，海洋文化在文化谱系中被定位为边缘文化和地域型文化。在这种重陆轻海、陆主海从的思维定式下，中国陆海兼具的海洋历史一再被曲解和忽视了。

（二）开海与禁海的政策变换影响了海外交流的正常开展，王朝海事与民间海事的二元化结构使中国海洋发展的整体传统和独特价值被割裂和肢解

中国历史上的海洋活动一直包括两个层面：一方面，封建王朝主导的官方海洋活动一直体现着一种政治关系，建立以中国为核心的"华夷秩序"与"朝贡体系"成为封建王朝的目标诉求；另一方面，以经济为目的的民间海洋活动却贯穿了中国历史的全过程，沿海边民作为海洋生产生活群体，其海洋生活与生产的历史悠久而连续，他们不依赖于土地农业生产，即使是在明清两朝实行海禁的历史时期，他们仍然冒险进行海洋生产活动。更有沿海边民克服种种困难险阻移民海外，这些渔民、疍户、海商、船员甚至海盗带着华人的生产技艺和文化传统，开辟了纵横交错的海上航线，进而在这些由航线连接的天涯海角落地生根，延续并开创着中国海洋文化的传统内容和独特价值。

广泛存在并延续至今的海洋文化传统不同于封建朝廷政治运作下的"华夷秩序"与"朝贡体系"，民间海事与王朝海事形成了中国海洋文化独特的二元化结构，而在封建王朝叙事之下，这些海洋社会群体及其文化传统和价值体现自然成了历史观察的盲区，其所体现的中国海洋文化中不可缺少的传统与价值也被割断和忽视了。

（三）陆地史观的文化视角和西方中心主义的价值标准的共同作用造成了中国海洋文化本体本位意识的严重缺失，丧失了构建自我话语体系和价值观念的历史自觉

20 世纪 70 年代以来，中国海洋文化发展在整体社会变迁中越来越引人注目，但是，人们在观照海洋发展的时候，依然是站在陆地的视角，从农业的中国历史中找寻海洋的因素，从整体上遗忘的海洋记忆中"发现"历史的片段，这种误解使人觉得，中国现代的海洋文化，不会是中华传统文化的组成部分，它与本土的传统不会有必然的联系，只能是从西方引进而来的。事实上并非如此，就海权观念来说，厦门大学杨国桢教授认为，早在明代嘉靖十六年（1537 年）刊刻的《渡海方程》中，就已经明确表达了海权论的思想，"其书上卷述海中诸国道里之数，……下卷言二事，其一言蛮夷之情，与之交则喜悦，拒之严反怨怒，请于灵山、成山二处，各开市舶司以通有无，中国之利也。"[1]明确说明在沿海地区设都护府加以军事控制，在海外开市舶司管理海洋贸易，发展商业和航运业。

相比之下，在地中海诸岛及周围沿海陆地上产生和发展起来的西方文化，以海洋文化为鲜明特征，在历经一系列变迁之后，冲出了地中海，走向了世界，渐进发展成为世界性的文化，深刻地影响了世界历史的进程，而作为拥有深厚海洋文化传统的国家，中国也被时代的潮水裹挟着进入这一海洋发展道路，海洋文化的本体本位意识渐渐缺失，进而丧失了构建自我话语体系和价值观念的历史自觉。

三、正确认识中国海洋文化的历史发展

要走出中国海洋文化发展的认识误区，离不开对中国海洋发展历程的清楚把握，更离不开对中国海洋文化发展的整体考察。从远古中国海洋文化的形成时代到郑和七次下西洋，在海洋发展的历史长河里，中国古代海洋文化深刻地影响了整个东亚文明的起源、发展和兴盛繁荣，"并对欧洲、美洲、

---

[1] 董榖：《碧里杂存》（下卷），转引自杨国桢《瀛海方程：中国海洋发展理论和历史文化》，北京：海洋出版社，2008 年，第 96 页。

大洋洲乃至全世界海洋文化的发展、繁荣做出过巨大贡献"①。从"公元前 3 世纪起，迄至公元 15 世纪，中国古代的航海业和航海技术一直处于世界领先水平"②。在历史的不同阶段，中国海洋文化都从一个侧面反映了特定历史时期的海洋发展状况，成为我们考察那个时期海洋与文明的重要历史维度。

（一）从早期历史形成来看，中国海洋文化闪耀着东方文明的光辉，成为孕育中华文明的重要渊源

考古发掘表明"我国海洋文化最迟在旧石器时代晚期已经开始"③，中华先民在漫长的历史和浩瀚的海际就已经留下了深深的印记，这些久远的海洋文化信息可以从现已发掘的大量人类生活遗址窥见一斑，"辽宁的长山群岛、山东庙岛群岛、浙江舟山群岛、福建金门岛、台湾、澎湖列岛，一直到环珠江一带岛屿与海南岛等地"④，都有显示古代中国海洋历史文化的有力证据。早期海洋文化也成为中华文化的重要组成部分，《山海经》中记录了中国最早的海神禺彊："北方禺彊，人面鸟身，珥两青蛇，践两青蛇"(《山海经·海外北经》)，其世系可以追溯到黄帝；据《尚书·禹贡》记载，禹时已有了国家组织，禹夏的疆域将天下分为九州，其中兖、青、徐、扬四州临海；祭祀殷高宗武丁的颂歌记载："邦畿千里，维民所止，肇域彼四海"，(《诗经·商颂·玄鸟》)说明不仅商朝疆土纵横千里，而且商人已经有了"四海"的观念。

在古老的海洋文化中，我国北方的龙山文化和南方的百越文化影响最为深远，龙山人和百越人的海上活动把海洋文化传播到了中国沿海各地，并且通过开放的海洋通道，把早期中国海洋文化的典型物证有孔石斧、有孔石刀和精美的黑陶器具等，传播到了遥远的地区，中国成为世界海洋文明的发祥

---

① 姜秀敏、朱小檬：《软实力提升视角下我国海洋文化建设问题解析》，载《济南大学学报（社会科学版）》，2011 年第 6 期。

② 靳怀堾：《中华海洋文化探究》，载《三峡论坛（三峡文学·理论版）》，2013 年第 4 期。

③ 曲金良：《中国海洋文化史长编（先秦秦汉卷）》，青岛：中国海洋大学出版社，2008 年，第 8 页。

④ 陈智勇：《试论夏商时期的海洋文化》，载《殷都学刊》，2002 年第 4 期。

地之一。越来越多考古发掘和研究表明，中华文明的渊源具有多重性和统一性，也就是说，中华文明的形成不仅源于由中原向周边不断扩展的大陆文化，也源于由滨海地区向陆地和海外传播的海洋文化，表明中华文化是由多源区域性发展形成的，这改变了传统上认为中华文化起源于黄河流域的大陆文化的一源中心说，也从源头上表明中国自古以来就是一个陆海兼具的海陆复合型国家。

（二）从漫长的海洋发展历程来看，中国海洋文化在总体上繁荣发展的同时，体现着鲜明的和平开放性，具有和平发展海洋事业的优良文化传统

从夏商周三代以来，伴随社会生产力的发展和民族大融合，中华先民认识和利用海洋的能力不断提升，开始出现了大规模的海上活动；春秋战国时期是中国社会转型和创新的巨变时期，此后，中国海洋事业继往开来，走上了繁荣发展的道路；"春秋战国燕、齐、吴、楚诸国，积极进行海洋探索，兼具内陆国家和海洋国家风格。秦汉帝国兼并天下，也继承了这种'海国'倾向。"①

秦汉大一统，中华海陆文明在整体上得以崛起，海洋科技知识的掌握运用，使中国海洋文化的传播范围大大拓展，进一步巩固了中国的世界海洋文化大国地位；唐宋元三代，由于政府鼓励中外海上交通贸易，实行博大恢宏的开放韬略，海外交通和海洋文化交流走向全盛时代；从元代至明初郑和七下西洋，中国海洋文化空前繁荣，"郑和在七次远洋航行中，到达东南亚、南亚、伊朗、阿拉伯和红海海岸及非洲东海岸的 30 多个国家和地区"②，在所达之处进行和平外交和文化交流，他们开拓的航路、总结的航海见闻及绘制的海图成为极其珍贵的海洋文化遗产。

值得注意的是，在积极推动中华民族海洋事业发展的同时，中国海洋文化表现出鲜明的文化特质，那就是"天下一体、四海一家、互通有无、和谐发展、耕海养海、亲海敬洋、知足常乐的'中国式'发展模式和人文

---

① 陈鹏：《"汉人"与"海人"：秦汉时期滨海人群的身份认同》，载《人文杂志》，2021 年第 8 期，第 105 页。

② 谢本书：《认识世界发现世界——再论郑和下西洋的历史功绩》，载《云南民族大学学报（哲学社会科学版）》，2005 年第 1 期。

精神"①。

（三）从地理大发现以来中国面对的海疆危机与海洋争端来看，中国海洋文化发展面临着冲击与挑战，需要有确立自我话语体系和价值观念的历史自觉

郑和之后的明朝推行了严厉的"海禁"政策，到了清王朝更实行了限商禁商和闭关锁国政策，一方面是西方世界新航路开辟以后，各国纷纷走上世界海洋舞台；一方面是古老的中国关闭了与西方国家开展海上贸易的大门，中国的国家发展渐渐远离了世界发展的轨道。1840 年之后的一百年时间里，民族危机从海上接踵而来，中华海权遭到严重损害，海洋文化面对重重危机，失去了海洋文化的本体本位意识，传统海洋价值观受到西方海洋理念的巨大冲击，面临严峻挑战。一直到今天，我国海洋文化发展仍然面临种种困境，没有形成明确的海洋价值观念，无法形成自己的话语体系，缺少面对海洋发展的历史自觉。

通过考察中国传统的社会结构我们可以看到，中国海洋文化的历史变迁往往表现出两方面特征，一方面，深层的海洋文化结构表现出很强的稳定性，善于抵御各种变化；另一方面，中国海洋文化的表层结构表现出较强的灵活性，可以适应各种变化。海洋性是中国历史人文多样性的一个方面，而且是极其重要的一个方面。在中华民族文化发展历程中，"农业文化、游牧文化和海洋文化共同组成中国文化一个大的系统"②，海洋文化成为中国传统文化的一个重要组成部分，在其发展过程中，尤其是自秦汉以来，中华民族历经东夷、百越而转换到沿海先民历心于山海，使中华民族的海洋传统一直不断积累，传续不止，形成了一种相对稳定的文化传统，成为中华传统中宝贵的文化内容。

新时代中国海洋文化的发展，既面临着严峻的挑战，同时也迎来了历史机遇。只有立足于悠久的海洋文化传统，用和谐和平、多元包容的文化理念

---

① 曲金良：《和平海洋：中国海洋文化发展的历史特性与道路抉择》，收录于《中国海洋文化论文选编》，北京：海洋出版社，2008 年，第 22—23 页。

② 李德元：《质疑主流：对中国传统海洋文化的反思》，载《河南师范大学学报（哲学社会科学版）》，2005 年第 5 期。

强调海洋文化的全部内涵、整体功能和民族特色，创新中国当代海洋文化发展理论，以高度的海洋文化历史自觉，逐渐确立中国海洋文化的话语体系，才能为我国参与世界多元的海洋文明交流对话提供有力的理论支撑和价值导向。

四、实现中国海洋文化发展的历史自觉

对一个国家海洋历史的定性式考察会从根本上左右国民的海洋观念和国家的海洋发展路径，如施密特在《陆地与海洋——古今之法变》中所说："建立在单纯的航海以及利用有利的港口位置的文明与那种将一个与陆地相维系的民族的历史及其整体存在转向海洋这一元素的文明是完全不可相提并论的。"① 当前，提升海洋文化软实力和建设海洋强国已经成为中华民族伟大复兴的内在发展需要，新时代中国的海洋文化建设要有基于中国海洋发展本体本位的历史自觉和价值取向，要有基于自我海洋历史和传统的文化选择、文化建构和文化实践。对于中国来说，要改变几千年来重陆轻海的传统社会心理、主流观念与思维定式，就必须通过长期的努力，不断进行观念更新、理念转换和实践创新，实现中国海洋文化的历史自觉。

（一）总结中国海洋文化历史源流与文化特色，真正发掘中国海洋文化的优秀传统与世界意义

按照德国哲学家雅斯贝尔斯的说法，人类文明曾经历过一个光明的"轴心时代"，在那个伟大的时代，希腊文明、印度文明和中华文明等人类几大古老的文明光芒闪耀，成为泽润后世的文明源头。历经千年时光流转，人类文明史最动人心魄的事情莫过于在千年之后，这几大文明的再次相遇与对话。

作为中华文明的重要组成部分，中国海洋文化发展在经历了古代的兴起、繁荣之后，在西方海洋商业文明的冲击下经历了顿挫期，在被迫进入现代海洋体系之后，又经历了艰苦的对峙与调整时期，现在正进入又一个重要

① 〔德〕施密特：《陆地与海洋——古今之法变》，林国荃、周敏译，上海：华东师范大学出版社，2006 年，第 93 页。

的新时期，即中国海洋文明的复兴期。在这个阶段，中国海洋文化主动向世界开放，总结历史源流与文化特色，真正发掘中国海洋文化的优秀传统与世界意义，从几千年优秀历史文化传统出发，激活中国原生文明和海洋文化传统的宝贵因子，消除与西方海洋文化的对立性根源，从而使中国与世界的共性不断增加，"和其他文明一样，在全球化和现代化过程中，中华文明也一定会为世界贡献具有世界意义的价值观。"①

（二）创新中国海洋文化演化路径，使中国海洋发展的道路和从独特性走向世界性

自西方大航海时代以来，西方海洋发展以权势转移的方式清晰展示了海洋文化的演化路径：荷兰的发展取代了西班牙和葡萄牙，英国后来居上超越了荷兰，美国的海上发展又超越了英国。当前，世界海洋发展正逐渐告别线性演进的进化原则，世界海洋多样性发展不断解构"西方中心论"和"海洋进化主义"，东西方所谓的"文明代差"不断消解，以世界海洋和人类永续发展为目标的价值取向摆在世界人民面前，共建海洋命运共同体和人类命运共同体成为全世界共同的发展命题。

中国海洋文明的复兴和海洋事业发展道路将改变历史上的竞争模式，开辟一条文化交流与文明演绎的新路径。中国海洋文化的复兴将更多地强调海洋发展与生态护育并举，海洋获利与海洋责任并重，弘扬传统与借鉴吸收交融，民族进步与世界和谐协同的发展理念，力求以成熟的海洋文明形态应对未来世界海洋发展，告别人海关系冲突、国家竞争对抗的海洋发展模式，创新海洋文明发展新范式和海洋文明新形态，在新的时代，将海洋强国梦融于中华民族伟大复兴的中国梦，将和平崛起的中国梦融于共建人类命运共同体的世界梦，用中国海洋文化秉持的价值观念折射全球化时代，以探索解决国际共性问题的有效方式与理念。

（三）超越世界海洋文明的演化进路，以整体性的海洋文明史观和世界海洋文明生命体视角关照人类海洋文明的永续发展与文明性建构

从海洋文化价值角度而言，人类的海洋价值观更加需要达成共识，共同

① 郭沂：《中华价值世界意义》，载《光明日报》，2012年11月26日，07版。

利益、共同责任、共同价值的追求反映了这样的时代诉求。"中国的海洋文明，应当在借鉴欧洲所长的基础上走出一条新路，既包容西方又超越西方，为人类海洋文明开创新的时代。"①以一体式思考世界海洋文明的进路，将东西方之争化为多元共鉴，实现对历史的超越。

正如英国历史学家汤因比在其鸿篇巨制《历史研究》中所预言："中国有可能自觉地把西方更灵活也更激烈的火力，与自身保守的、稳定的传统文化熔于一炉。如果这种有意识、有节制地进行的恰当融合取得成功，其结果可能为文明的人类提供一个全新的文化起点。"②当代的中国海洋文化建设要弘扬传统、勇于担当、不断探索、敢于超越，努力构建中国当代海洋文化，而这正是走出历史认识误区和构建新时代中国海洋文化的目标与任务。

五、结语

纵观中华民族的历史，我们认识到中华民族的存续发展与海洋一直有着阻隔不断的联系，在海洋发展的历史长河里，中国海洋文化在历史中开展了多元的海洋文化交流，创造了辉煌的海洋文化成果，形成了源远流长的汉字文化圈。从早期历史形成来看，中国海洋文化闪耀着东方文明的光辉，成为孕育中华文明的重要渊源；从漫长的海洋发展历程来看，中国海洋文化在总体上繁荣发展的同时，体现着鲜明的和平开放性，具有和平发展海洋事业的优良文化传统；从地理大发现以来中国面对的海疆危机与海洋争端来看，中国海洋文化发展面临着冲击与挑战。中国海洋文化发展的历史表明，只有立足于悠久的海洋文化传统，以高度的历史自觉，全面客观地把握中国海洋文化历史发展的全貌，才能实现新时代中国海洋文化的创新性发展与创造性转化。

当前，我国正处于中华民族伟大复兴的重要战略机遇期，海洋事业发展和海洋强国建设离不开中国海洋文化发展的历史自觉。在世界多元海洋文明对话中，积极地对中国海洋文化发展进行挖掘与创新以贡献世界多元海洋文

① 王义桅：《实现中国梦呼唤海洋文明的发展》，载《中国社会科学报》，2013 年 8 月 28 日，B05 版。
② 〔英〕阿诺德·汤因比：《历史研究》，刘北成译，上海：上海人民出版社，2005 年，第 78 页。

明交流，具有极大的必要性与可能性，集合中国传统智慧与当前世界文化优秀成果的努力很有可能创造出反映中国海洋文化发展与世界海洋发展新成果的价值观念和价值体系。全球化海洋时代面临着价值变迁，新时代世界海洋秩序的建立不能依靠武力和军事，不能依靠政治博弈，也不能依靠经济霸权，而是用文化和文明引领世界。而一个以和平主义和世界主义为取向的海洋文明将成为新海洋时代全人类的共同精神财富。新时代中国海洋文化的重建也会在联结历史性因素的同时不断开拓创新，在中华民族伟大复兴过程中，以和而不同与人海和谐的理念，赋予中国海洋文化和平主义和世界主义新的内涵，贡献融合中西、衔系古今、包容共生的当代世界海洋文明。

古代海上交通研究

论郑和洲际远航开启世界大航海时代和全球化进程①

夏立平②

【内容提要】明代郑和洲际远航包括七下西洋，航线到达亚洲、非洲、美洲等三十多个国家，正式开启了世界大航海时代和地理大发现时代，标志着全球化进程的开始，促进了与到访国和地区的友好往来以及经济、文化交流，推动和增进了中国古代海洋文化的国际传播。郑和洲际远航代表了中国古代海洋文明的巅峰。郑和七下西洋实行的是互相尊重、公平贸易，做到了强不欺弱、众不欺寡的中国传统观，宣扬了和谐海洋、共同发展的中国海洋观，这也是区别于西方海洋观的一个根本特征。新时代中国学者站在对郑和洲际远航研究的一个新的起点上，必须包容各种观点的探索，多去国外进行现场考证，鼓励中国和其他国家各种专业背景的专家参与研究。这样才能将郑和研究发展到一个新的阶段。通过对郑和洲际远航的研究，进一步提升中华民族的自信心和感召力。

【关键词】郑和；洲际远航；世界大航海；全球化

西方学者认为，1492 年克里斯托弗·哥伦布率领 87 名水手分乘三艘船，从位于西班牙西南角的巴罗斯港（即今天的塞维利亚）出发，经过七十多天艰苦航行终于到达巴哈马群岛（Bahamas）的圣萨尔瓦多，揭开了大航海时代（Age of Exploration），即地理大发现时代（Age of Discovery）的序幕。大航海时代的开启，也标志着全球化进程的开始，因为此后世界逐渐形成一个统一的整体，一个全球贸易网络开始出现。但历史的真实应该是，包括七次下西洋等在内的郑和洲际远航开启了世界大航海时代和全球化进程。

---

① 基金项目：本文是同济大学中国特色社会主义理论研究中心课题成果。

② 作者简介：夏立平，同济大学极地与海洋研究中心主任、上海郑和研究中心副主任、同济大学中国特色社会主义理论研究中心特约研究员、教授、博导。

一、郑和洲际远航在哥伦布之前到达美洲等地

郑和船队洲际远航绕过好望角进入南大西洋，到达美洲、澳洲和南极、北极，开启了世界大航海时代。

（一）郑和船队第六次洲际远航绕过好望角进入南大西洋

在威尼斯国立马尔西亚那图书馆藏有一幅由制图师弗拉·毛罗（Fra Mauro）1459 年绘制的显示印度洋和南部非洲的平面球形世界地图。该图是罗马帝国以来绘制的有关整个世界的第一幅地图，正确地绘出了好望角（图上称之为德迪亚卜角 Cap de Diab）令人容易辨认的三角形形状。因为第一批绕过好望角并冒险进入印度洋的欧洲人巴尔托洛梅乌·迪亚斯和佩德罗·阿尔瓦雷斯·卡布拉勒 1488 年才绕过好望角的。而这幅图是在巴尔托洛梅乌·迪亚斯绕过好望角之前 30 年就已经绘制出来了。在这幅地图上，有题记说明一艘中国帆船绕过好望角的详细情况："大约 1420 年左右，从印度来的一艘船毫不停留地径直横越印度洋……驶过德迪亚卜角（好望角）穿过佛得岛……向西航行，转向西南方向航行……航行了 2000 英里，在 70 天内他们又返回德迪亚卜角（好望角）。"[1] 在这条题记旁，有一幅中国帆船图，以进一步说明这条题记。还有一条题记描述了船员们在德迪亚卜角（好望角）补充给养时发现的巨大鸟蛋及产蛋的大鸟。这应该是鸵鸟。该图在印度洋中间的一处题记写道："通过这片海域的海船或中国帆船装备有四根或更多的升降自如的桅杆，并为商人们准备了 40—60 个船舱。"当时在印度洋上出现这么大的船，唯一的可能是来自郑和船队。这幅地图中的信息可以证明郑和船队第六次洲际远航时其中一支分遣队绕过好望角进入了南大西洋。

弗拉·毛罗是怎么获得关于好望角的信息的呢？在一本 15 世纪出版的描述葡萄牙人征服几内亚的文献中记载着"弗拉·毛罗曾亲自与'一位值得信赖的人'交谈过，这个人告诉他曾经从印度出发经过索发拉（Sofala）抵达了位于非洲西海岸中部的加比恩（Gabin）"[2]。加文·孟席斯的考证认

---

[1] 〔英〕加文·孟席斯：《1421：中国发现世界》，师研群译，北京：京华出版社，2005 年，第 51 页。

[2] Quoted by Eannes de Zuzara, *The Croniticle of the Discovery and Conquest of Guinea*, trs. C. R. Beazley, Hakluyt Society, 1896-1899.

为，这位"值得信赖的人"是尼科洛·达·康提，他与弗拉·毛罗是同时代的人，都来自威尼斯，都从事探险及文献研究。弗拉·毛罗为葡萄牙政府工作，出版了尼科洛·达·康提的见闻录。尼科洛·达·康提 1421 年在印度的港口登上正在进行第六次洲际远航的郑和船队的一艘帆船，随着郑和船队绕过好望角进入南大西洋，并获得一份能显示非洲南部末端精确形状与位置的海图，然后带给了弗拉·毛罗。加文·孟席斯是退役的英国皇家海军上校，曾担任英国潜艇艇长，执行全球航行任务，熟悉各大洋洋流对船只航行的影响。他根据洋流推算，郑和船队船只在 1421 年 8 月绕过好望角。①

尼科洛·达·康提向弗拉·毛罗描述的"佛得岛"应该就是佛得角群岛。加文·孟席斯根据洋流计算，郑和船队船只绕过好望角 40 天后到达"佛得岛"。在佛得角群岛有一样有待证实的历史物证。在佛得角群岛简尼拉海岸附近有一块约 3 米高的石碑，从顶部到底部都刻有铭文。该石碑与郑和船队在太仓立的石碑和在斯里兰卡南部栋德拉角（Dondra Point）立的石碑非常相似。现有表面的铭文是为纪念航海家安东尼奥用中世纪葡萄牙文刻上去的，但在这层铭文的下面有更多的字迹，由于苔藓的附着和石碑风化侵蚀严重，加上近些年乱刻乱画损坏外观，已经很难辨认下面的字迹。根据印度银行辨认，认为其中有的字是印度喀拉拉邦的马拉雅拉姆语（Malayalam）。②该语言在 9—15 世纪是通用的语言，现在印度马拉巴尔海岸几处沿海地区仍使用。印度喀拉拉邦 1421 年时首府是古里，古里是郑和船队航经印度海岸使用的主要港口之一。郑和船队在海外立碑时为了使当地人能读懂，通常碑上铭文使用几种语言。例如，郑和船队在斯里兰卡南部栋德拉角立的石碑铭文就使用了汉语、泰米尔语（Taimil）和波斯语。佛得角群岛这块石碑的铭文非常可能使用了汉语、马拉雅拉姆语等语言。

---

①〔英〕加文·孟席斯：《1421：中国发现世界》，师研群译，北京：京华出版社，2005 年，第 53 页。

②〔英〕加文·孟席斯：《1421：中国发现世界》，师研群译，北京：京华出版社，2005 年，第 61 页。

（二）郑和船队第六次洲际远航到达美洲

1. 李兆良关于《坤舆万国全图》等观点对郑和船队洲际远航到达美洲的印证

美洲郑和学会会长李兆良①近年来出版了三部专著《坤舆万国全图解密——明代测绘世界》（2012 年 4 月）②、《宣德金牌启示录——明代开拓美洲》（2013 年）③、《坤舆万国全图解密——明代中国与世界》（2017 年 3 月）④，并于 2017 年在国际地图学双年会发表 "Chinese mapped America before 1430 AD"（《中国人于西元 1430 年前测绘了美洲》）等相关论文。李兆良先生聚焦《坤舆万国全图》，比较了 14—19 世纪间六百多份地图，综合世界史原始资料，分析地名、语源、地形、按语等。研究数据显示：1602 年的《坤舆万国全图》的主要讯息与利玛窦时代的欧洲并不相容，而是源自一百六十年前中国已有的讯息。由此得出结论：明代中国人首先到达美洲和澳洲，并绘制地图，是明代中国人开拓了世界地理大发现的局面。《坤舆万国全图》是明代大航海以及中国历代天文地理知识的总汇。后来，零星的信息流入西方，引起了哥伦布西航美洲。荷兰、葡萄牙人逆着郑和的航路东来亚洲。

李兆良先生提出了研究古地图应注意的三点原则和常识：想象不能比亲历真实，抄本无法比正本精细正确；绘图人最熟悉的是最接近自己家国的地域，离开家国越远，越含混不清、简单、失真；每一幅地图都有时间印记，

---

① 李兆良，1943 年生于香港。广东东莞客籍人。美籍华裔。香港皇仁中学毕业，香港中文大学生物学系学士（1969），美国普度大学药学院生物化学博士（1974）。研究领域：科技（天然产物，酶合成），文艺（书法，中英文诗词文学翻译），历史（郑和研究，中外交通史）。2006 年，偶然获得在美国出土的中国明代 "宣德" 金牌一面，从美洲历史，明代历史，欧洲与穆斯林历史，制陶，旗帜，语言，农作物，动植物，货币，美洲原住民服饰，婚葬文化风俗，特别是从《坤舆万国全图》等方面得出结论，确证明代郑和下西洋船队曾到美洲。2010 年于马六甲第一届国际郑和会议发表论文，并在泉州海交博物馆、南京大学及清华大学、美洲郑和学会宣读，发表于《郑和研究》及《海交史研究》。其后，在中国大陆、台湾、香港，美国等地大学、研究院等应邀演讲三十余场，论文十余篇。专著三本。2014 年 10 月被推选为美洲郑和学会会长。

② 李兆良：《坤舆万国全图解密——明代测绘世界》，台北：联经出版社，2012 年。

③ 李兆良：《宣德金牌启示录——明代开拓美洲》，台北：联经出版社，2013 年。

④ 李兆良：《坤舆万国全图解密——明代中国与世界》，上海交通大学出版社，2017 年。

地名的显隐可以决定成图年代。

李兆良先生认为，根据上述三条规则，《坤舆万国全图》上有许多特点足以证明它不是来自欧绘地图，而是基于明代中国郑和时代的讯息绘制的，包括：

——《坤舆万国全图》全部用中文绘制，是当时最先进、最详细、正确的世界地图。

——《坤舆万国全图》利玛窦的序言清楚表明该地图曾参考中国一统志、方志绘制。

——《坤舆万国全图》上的地名，一半没有在同时代的欧绘地图上出现，有些从来没有欧洲文献记载。

——《坤舆万国全图》许多地名、地理出现在欧洲人"发现"以前。

——《坤舆万国全图》不标示天主教教宗领地，与利玛窦作为欧洲耶稣会会士的身份和时代不符。例如，《坤舆万国全图》里出现的一些欧洲城市，是 1420 年间的形态，而文艺复兴后 1600 年左右的主要城市，却没有出现。例如："没有教宗领地——教皇国（Stato Pontificio），没有托斯卡纳（Tuscany），佛罗伦萨（Florence）"，甚至没有"利玛窦出生地马切塔（Macerata）"，这就好比你当前画一幅中国地图，却不标注北京、上海、香港。传教士利玛窦带来的地图却忘记了自己的出生地、教宗所在地，这是违背常理的。

——欧洲发现者命名的美洲城市和 16 世纪文艺复兴时代的重要地名没有出现在《坤舆万国全图》，于理不合。

——其他同时代欧绘地图上地名地域拼写不统一，混淆东西南北，唯独《坤舆万国全图》正确无误。

——根据发音，《坤舆万国全图》有些地名原文不是欧洲文字，是中文翻译为欧洲文字。

——对照现代地理地形，《坤舆万国全图》一些地名的中文意义比欧洲翻译清楚、准确。

——《坤舆万国全图》某些特有的地名是根据实际勘察的，地名与地貌吻合，具有原创性。西方世界地图抄袭时往往错误移位，与地理不符。

——按照地名的显隐和图上注释，《坤舆万国全图》的原绘制年代与原始讯息是 1420—1440 年代，即明代中国郑和时代，而不是 1602 年。例如，

《坤舆万国全图》里出现的一些中国古地名，是永乐宣德年间的习惯。比如永乐北征的地名（远安镇、清虏镇、威虏镇、土剌河、杀胡镇、斡难河）和永乐逝世的地址（榆木川）。这些地址在万历朝的1600年代，经过百年的政事变迁，已经不具备特别的意义。

按以上多方证据的分析，排除了《坤舆万国全图》是西方绘制的世界地图，实际上它是中国绘制的世界地图。事实也排除《坤舆万国全图》成图于1602年，真正原来成图时代是1420—1440年左右，不超过1460年，与1602年相差140至180年。

李兆良教授2017年在国际地图学双年会发表论文《中国人于西元1430年前测绘美洲》（"Chinese mapped America before 1430 AD"）后，国际地图学界已做了适当的调整，不再称"利玛窦绘制《坤舆万国全图》"，而认为中国人说的"合作绘制"更适当。《坤舆万国全图》已经不被利玛窦著作网站列为利玛窦著作。李兆良教授在国际地图学双年会发表的论文已经被永久收藏在国际地图学会数据库，同时列入设在哈佛大学、由美国宇航局-史密森博物馆观察站共同建造的太空物理数据库。

而且，李兆良从一枚偶然在北美洲东部出土的宣德金牌，注意到北美洲东部印第安人的文化。然后意外发现当地的切诺基人有许多与明代相似的现象。他们的北斗旗是明朝代表皇帝的旗子。白、红两色代表和、战，与中国相同。而美洲特有的农作物——凤梨、玉米、番薯、南瓜、花生、辣椒、烟草等出现在中国文献文物，比哥伦布到达美洲起码早半个世纪，较欧洲国家种植要早，不可能是从葡萄牙、西班牙带来。它们首先在中国西南种植，再通过茶马古道传到各地，是明代中国人把它们带回来的。美洲还有一些明代甚至更古的中国文化特色：二十八宿的天文观测台、四方神灵用四色代表、饕餮、结绳记事、圭、贝币、朋（贝珠带）、旃旌、节杖、佛教的卍（万字）符等。他的结论是，郑和船队的大航海开拓了中美两洲经贸和文化的交流。①

2. 加文·孟席斯对郑和船队洲际远航到达美洲的考证

1428年，葡萄牙王太子敦·佩德罗在经过罗马和威尼斯时买了一份世

---

① 李兆良：《宣德金牌启示录——明代开拓美洲》，台北：联经出版社，2013年。

界地图，此图绘出了世界的各个部分，包括好望角和麦哲伦海峡。[①] 这幅 1428 年世界航海图对于当时的葡萄牙政府来说价值非凡。葡萄牙国王若昂派佩罗·阿尔瓦维·卡伯拉尔（Pedro Alvares Cabres，1467—1520 年）前往南美洲，去寻找 1428 年世界地图上所标出的群岛。克里斯托弗·哥伦布确信：在他们探险队前往南美探险之前，葡萄牙人已经知道巴西这个地方了。他在日记中写道："葡萄牙国王约翰（King John）认为特立尼达（Trinidad）南面更深处是陆地。为了弄明白这话的意思，我希望向特立尼达南面更深处前进。"[②]

加文·孟席斯的考证认为："麦哲伦、迪亚斯、达·伽马和卡伯拉尔都是技艺精湛的航海家，他们也很勇敢、坚毅，有着令人惊异的领导才能。但是，准确的说，他们中没有一个人发现了'新大陆'。当他们启航时，他们每一个人都有一张航海地图，地图标着所要到的地方。他们不是最早发现这些地方的，因为近一个世纪以前中国人已经发现过所有这些地方。"[③] 麦哲伦随身携带的地图是从葡萄牙国库中取出的，上面已经标有后来以他的名字命名的麦哲伦海峡。[④] 当哥伦布在大西洋中部航行时，他就很清楚他的目的地了。哥伦布日记写道："十月　星期三　第 24 日（1492 年）关于如何去安的列亚岛（Antillia）的描述我应该向西南偏西方向航行才能到那儿……而且从我所见过的地球仪和世界地图上，该岛是处于这一带海域。"[⑤]

加文·孟席斯把科夫曼（Coffman）的珍宝地图集与大幅的英国海军部海图（Large-Scale British Admiralty Charts）相对照，发现在佛罗里达海岸不远处有不明身份 8 条船的残骸，其中南边 4 艘船行进方向指向 15 英里外的

① Antonio Galvao, "Tratado Dos Diversos e Desayados Caminhos," Lisbon, 1563. The Translation is that of Richard Haykut, 1601, pp.23-24, quoted by F. M. Rogers in *The Travels of the Infante Dom Pedro*, Harvard UP, Cambridge, mass., 1961, p.48.

② S. E. Morison, "Portuguese Voyage in America in the Fifteenth Century," Harvard UP, Cambridge, Mass., 1940, p.131.

③〔英〕加文·孟席斯：《1421：中国发现世界》，师研群译，北京：京华出版社，2005 年，第 240 页。

④〔英〕加文·孟席斯：《1421：中国发现世界》，师研群译，北京：京华出版社，2005 年，第 240 页。

⑤ *The Journal of Columbus*, trs. Cecil Jane, revised and Annotated by L. A. Vigneras, Anthony Blond and Orin Press, 1960, p.43.

一组包括南北比尼岛在内的小岛。[①] 1968 年，水下考古学家梅森·布兰廷在离岸 1000 码、水深 10 英尺处发现几块平板石，每块 8—10 平方英尺，呈长方形。[②] 1974 年，美国科学家戴维·津克博士带领一支探险队调查了这些神秘的石头。他得到大量的证据说明这条路是在哥伦布到达美洲之前人造的。[③] 加文·孟席斯通过考证认为，这是一条滑道，用于把平底大船依次拖到岸边修理。而这只有郑和船队的大船才有这种能力。[④] 戴维·津克博士探险队还用红外线设备在北比尼岛发现 4 个长方形的沙丘，最大的长 500 英尺、宽 300 英尺。其形状大小提示这些可能是被沙覆盖的郑和宝船船体。加文·孟席斯认为，从技术上说，遗存的平底船仍是中国政府的财产。[⑤] 加文·孟席斯对郑和船队洲际远航到达美洲的考证是有根据的。

加文·孟席斯还在东马萨诸塞发现了至少 12 个人工树立的石块。这些石块的大小、位置、表面与佛得角群岛上的石碑极其相似，都是在马萨诸塞湾附近或梅里马克河岸，其中一块石碑刻着一尊坐式佛像。[⑥]

3. 王胜炜教授等的研究再次证明郑和船队第六次、第七次航行抵达美国密西西比河河谷

王胜炜（Sheng-Wei Wang）教授和她的美国同事马克·尼克莱斯和劳丽–邦纳–尼克莱斯，自 2004 年起深入研究了位于美国伊利诺伊州一座高耸于俯瞰密西西比河的峭壁上的一幅宏伟岩画"皮阿萨"的起源，岩画上有两个可怕的怪物。她和同事们根据来自法国、美国和中国的记录，发现皮阿萨

---

① 〔英〕加文·孟席斯：《1421：中国发现世界》，师研群译，北京：京华出版社，2005 年，第 170—171 页。

② 〔英〕加文·孟席斯：《1421：中国发现世界》，师研群译，北京：京华出版社，2005 年，第 171 页。

③ 〔英〕加文·孟席斯：《1421：中国发现世界》，师研群译，北京：京华出版社，2005 年，第 171 页。

④ 〔英〕加文·孟席斯：《1421：中国发现世界》，师研群译，北京：京华出版社，2005 年，第 172—173 页。

⑤ 〔英〕加文·孟席斯：《1421：中国发现世界》，师研群译，北京：京华出版社，2005 年，第 175 页。

⑥ 〔英〕加文·孟席斯：《1421：中国发现世界》，师研群译，北京：京华出版社，2005 年，第 187—188 页。

竟然具有"中国血统"，是郑和舰队远航至北美洲时所绘制的"彩虹龙"。[①]
王胜炜和她的美国同事们在明代罗懋登写于 1597 年的《三宝太监西洋记》
中找到证据，经过研究得出的结论是：《三宝太监西洋记》一书中透露郑和
率领的中国舰队，曾经分别于 1423 年、1433 年的第六、第七次远航时，抵
达美国密西西比河河谷，比哥伦布踏足美洲（1492 年）早 60 多年。[②]

王胜炜教授 2019 年出版的 *The last journey of the San Bao Eunuch,
Admiral Zheng He*[③]（《三宝太监海军上将郑和的最后一程》），从罗懋登著作
《三宝太监西洋记》和其他历史学者的记录中，进一步提取了郑和第七次航
行的完整航路、时间表和证据，证明郑和的船队在此次航行中抵达加拿大东
海岸，进入北美大陆，发现五大湖中的四个，最终抵达密西西比河河谷的卡
霍基亚（Cahokia，当时北美洲最大的印第安人土著城市，现在是联合国教
科文组织指定的世界遗产）。[④]王胜炜教授和她的美国同事的研究为探讨郑和
船队洲际远航到达美洲提供了重要的线索。

（三）郑和船队第六次洲际远航到达澳洲和南极、北极

1. 郑和船队第六次洲际远航到达澳大利亚

麦哲伦在环球航行之前西班牙国王曾经给他看了一幅图，图上显示了从
大西洋驶向太平洋的海峡，所以他意志坚定地指挥他的船队驶过后来以他命
名的麦哲伦海峡。[⑤]因为他看过地图，所以他实际上知道他不是第一个通过
该海峡的人，也不是第一个横穿太平洋的人。

大英图书馆藏有一幅非常清楚的早期澳大利亚地图，是由让·罗茨
（Jean Rotz）绘制的。让·罗茨是英王任命的"皇家水文学家"。这幅图收入

---

① 〔美〕马克·尼克莱斯、劳丽·邦纳-尼克莱斯、王胜炜：《郑和发现美洲之新解》，北京：世界知识出版社，2015 年。

② 〔美〕马克·尼克莱斯、劳丽·邦纳-尼克莱斯、王胜炜：《郑和发现美洲之新解》，北京：世界知识出版社，2015 年。

③ Sheng-Wei Wang, "The last journey of the San Bao Eunuch, Admiral Zheng He," Proverse Hong Kong, 2019.

④ Sheng-Wei Wang, "The last journey of the San Bao Eunuch, Admiral Zheng He," Proverse Hong Kong, 2019, pp.306-307.

⑤ Charles R. Darwin, "Journal of Researches into the Geology and Natural History of the Various Countries Visited HMS Beagle 1832-1836," Henry Colburn, 1934, pp.54, 124.

在 1542 年让·罗茨进献给英王的《地理全书》中，比库克船长"发现"澳大利亚早两个世纪。①让·罗茨从来没有到过那些地方，他在图上所画的全是他曾经见过的旧地图的内容。加文·孟席斯根据季风和洋流，认为郑和船队的一支分舰队到达澳大利亚并准确绘制了澳大利亚东西海岸。

在澳大利亚维多利亚州刚建立两年的 1836 年，3 个猎豹人在美林河的入海口发现一艘古代船只的残骸，是用红木建造的，坚固耐用。②澳大利亚女士曼尼弗尔德 1856 年还在船只残骸里找到一支青铜长钉和一把铁梯子。在澳大利亚新南威尔士州北部拜伦海湾（Byron Bay）附近一艘沉船残骸中发掘出两根木制钉子，碳素测年表明大约为 15 世纪中期，其正负误差不会超过 50 年。当地人描述了部分船体和 3 根从沙子里伸出的桅杆。1965 年砂矿的工人们从这个位置发掘出一个极大的木制舵，有的人说它有 40 英尺高。在澳大利亚东南部发现古代船只残骸的地点还有：悉尼南部海岸的伍伦贡、珀斯附近的沼泽地带（两艘）、瓦南布尔（"桃花心木船"）等。在伍伦贡的阿勒达拉还发现一个中国古代的石雕女神头像。加文·孟席斯认为，拜伦海湾中的木制钉子的年代和巨大的舵，都指明它们起源于中国，属于郑和船队的这支分舰队。郑和船队的这支分舰队是第一个穿越麦哲伦海峡的航行者。不仅到达澳大利亚，而且发现了南极洲。

在澳大利亚北部达尔文附近比格尔湾（Beagle Gulf）有一棵生长数百年的巨大榕树，这种树本地没有，是外来的。1879 年在这棵榕树之下发现一尊道教供奉的寿星雕像。经专家确定，该寿星雕像是 14 世纪末的物品。③现在陈列在悉尼技术博物馆。加文·孟席斯 2002 年 3 月与许多澳大利亚知名教授参加了一次伦敦皇家地理学会主办的报告会和现场访谈，这些澳大利亚知名教授对郑和船队到过澳大利亚的观点没有争议。

---

①〔英〕加文·孟席斯：《1421：中国发现世界》，师研群译，北京：京华出版社，2005 年，第 93 页。

②〔英〕加文·孟席斯：《1421：中国发现世界》，师研群译，北京：京华出版社，2005 年，第 95 页。

③〔英〕加文·孟席斯：《1421：中国发现世界》，师研群译，北京：京华出版社，2005 年，第 121 页。

2. 郑和船队第六次洲际远航到达新西兰

在新西兰北岛的西海岸靠近托莱·帕尔马（Torei Palma）河的河口，1875 年发现一艘巨大而古老的船的部分甲板和船舷，其内部的船壁被大的黄铜钉闩在一起。在帕尔马河边竖着一块巨石，上面刻的文字据当地专家说是泰米尔文。这一石块形状、大小和放置的位置与郑和船队在太仓立的石碑和在斯里兰卡南部栋德拉角立的石碑非常相似。[①]在距离沉船残骸一英里不到的范围内出土一只雕刻精美的暗绿色蛇纹石鸭子。加文·孟席斯认为这很可能是中国人带来的。[②]

3. 郑和船队第六次洲际远航到达南极

凯仁顿·高德瑞（L. Carrington Goodrich）在主编的《明代名人传记辞典》一书中记载："一些船只到达了很远很远一个名叫哈甫泥的地方，这个地方很可能就是南极洋中的克尔格伦岛。"[③]哈甫泥在中国的茅坤海图中也出现了，此图是永乐二十年（1422 年）左右编撰的《武备志》的一部分，在边上注释着"风暴阻扰了舰队继续向南航行"。[④]这说明在 1422 年之前，中国船只很可能已经到达南极洋中的克尔格伦岛。加文·孟席斯根据洋流和让·罗茨的地图，认为郑和船队的这一支分舰队不仅到达澳大利亚，而且发现了南极洲。[⑤]马来西亚有一位叫祖菲加的学者经过考证指出，1422 年郑和舰队曾经到达了南极。[⑥]

［①〕〔英〕加文·孟席斯：《1421：中国发现世界》，师研群译，北京：京华出版社，2005 年，第 109—110 页。

②〔英〕加文·孟席斯：《1421：中国发现世界》，师研群译，北京：京华出版社，2005 年，第 111 页。

③ L. Carrington Goodrich, "The Dictionary of Ming Bigraphy", New York: Columbia UP, 1976, p.1365.

④〔英〕加文·孟席斯：《1421：中国发现世界》，师研群译，北京：京华出版社，2005 年，第 92 页。

⑤〔英〕加文·孟席斯：《1421：中国发现世界》，师研群译，北京：京华出版社，2005 年，第 96 页。

⑥《马来学者：郑和的航海船队最早抵达南极大陆》，中国新闻网，2004 年 2 月 5 日，https://tech.sina.com.cn/other/2004-02-05/1617288533.shtml。

4. 郑和船队第六次洲际远航到达北极

1420—1440 年绘制的文兰地图上显示的纽芬兰岛和整个格陵兰岛都非常精确、非常详尽。这证明有人在欧洲人首次探险北极腹地（High Arctic）4 个世纪之前就已经深入北极至少 400 余千米的地方。虽然对文兰地图的来源有争议，但知名的作家与探险家彼得·施莱德曼和法雷·莫瓦特花费数年时间研究了离格陵兰 700 多千米的巴赫半岛（Bache Peninsula）上的独特石屋村庄。该村庄有约 25 栋房屋，其中一些房子非常大——约 150 英尺（45 米长）、5 米多宽。这些房子可以容纳约 3000 人。沿屋而建的石造烽火台类似于小型灯塔。格陵兰因纽特人从来没有用石头建筑的传统。在房子的外面，排列着一排排的炉床，总共 142 个，每一个都用石墙同邻家分开。这些多重安排的户外炉床在北极地区是独一无二，史前时代遗址上从未出现过类似的建筑。

加文·孟席斯认为，郑和船队中有船只在巴赫半岛附近遇到海难，船员在此建造石屋居住和避寒，用船板做屋顶。他指出，这支郑和船队到过加勒比海，然后水流和季风把它们带到了格陵兰岛周围。其中有的船环航并测绘了格陵兰岛的海岸线。然后水流和季风把这支中国船队推向冰岛。哥伦布在教皇皮攸斯二世所写的《任大事经》一书的页边上亲笔总结他的航行时写道："（在他之前）有人从东方的中国到达这里（冰岛）。"[1] 李约瑟教授认为，在格陵兰和冰岛分散地存在着超过 20 处有关中国人的记录，这些表明他们的确到过北极。[2]

二、郑和洲际远航的世界意义

明代郑和船队七下西洋是意义重大的洲际远航，其航线到达了三十多个国家，这些国家分布在亚洲、非洲、美洲等，正式开启了世界大航海时代和地理大发现时代，标志着全球化进程的开始，促进了与到访国和地区的友好往来以及经济、文化交流，推动和增进了中国古代海洋文化的国际传播。郑

---

[1] Catz, Translation of Columbus's note in a copy of Pope Pius II, "History of Reemarkable Things that Happened in My Time", In op.cit.

[2] J. Needham, "Science and Civilization in China", Cambridge: Cambridge UP, 1954.

和洲际远航代表了中国古代海洋文明的巅峰。

（一）郑和洲际远航正式开启了世界大航海时代

时任中国国务委员兼外交部长王毅 2022 年 9 月 22 日在纽约美国亚洲协会演讲《中美新时代正确相处之道》时指出："600 年前，中国明朝航海家郑和就曾率领当时世界上最强大的船队 7 次进行洲际远航，比哥伦布发现新大陆还早。但是中国人没有搞任何殖民、杀戮、抢劫，而是给各国送去了茶叶、丝绸、瓷器。"①郑和洲际远洋船队规模庞大，其船舶技术之先进，船只吨位之大，航海技术之先进，航海人员之众，组织配备之严密，航程之长，影响之巨，在当时的世界上，都是无可比拟的。郑和洲际远航的航海成就超过同一时期的西方人，比哥伦布发现美洲大陆早 70 年，比达·伽马开拓从欧洲绕过好望角通往印度的航线早 92 年，比麦哲伦率领船队完成环球航行早 114 年，比英国航海家库克到达澳大利亚早约一个半世纪。郑和远洋船队从船队规模、航海技术、持续时间、涉及领域等方面均远远领先于同一时期的西方，正式开启了世界大航海时代，创造了这一时期世界航海史的奇迹。

从郑和洲际远航船队的航程来说，郑和七下西洋应该是包括大西洋，比哥伦布早到达美洲半个世纪。而且，根据已有资料，郑和船队到达了北极和南极，并做了部分测绘。郑和船队 1431 年第七次出使西洋前夕，郑和等人在福建长乐南山天妃行宫镌嵌了《天妃灵应之记》碑，上面刻有"际天极地，罔不臣妾。其西域之西，迤北之北，固远矣，而程途可计"。这实际上既是对郑和船队前六次下西洋的总结，也是对第七次下西洋的期望。其中提到郑和船队航行到"西域之西"。广义的西域包括今新疆地区及中亚、南亚、西亚乃至罗马帝国等地。元代文献称欧洲为大西。那"西域之西"可以理解为大西洋。"迤北之北"指郑和船队驶向"北极之北"。古代航海利用北极星辨认地理北极；用指南针识别地磁北极。古人认为，地磁北极点在地理北极点之北。"迤北之北"实指"地磁北极点"。

从郑和洲际远航船队的规模来说，郑和船队是世界上最早建立的一支大

①《中美新时代正确相处之道——王毅国务委员兼外长在美国亚洲协会的演讲》，直新闻，2022 年 9 月 24 日，https://baijiahao.baidu.com/s?id=1744854203025065791&wfr=spider&for=pc。

规模的远航船队。郑和船队由 200 余艘不同用途、不同船型的远洋海船组成，将士 2 万 7000 余名，规模宏大，人员众多，组织严密。船只种类有宝船、战船、坐船、马船、粮船等。所谓的宝船，又称"取宝之船"，用于装载从西洋取来之宝物或明朝廷赏赐给沿途各国的珍贵礼品。《天妃灵应之记》碑记载："和等统率官校旗军数万人，巨舶百余艘。"按照海上航行和军事组织，郑和船队洲际远航时编成"雁形"船队，浩浩荡荡，可说是当时世界最大和最先进的海上特混船队。

从郑和洲际远航船队的船只吨位和船舶技术先进来说，《明史·郑和传》记载，郑和航海宝船共 63 艘，最大的长 44 丈 4 尺，宽 18 丈，是当时世界上最大的海船。研究郑和的专家赵志刚认为该书记载的"一丈"并非我们熟悉的 3.33 米，而是约 1.7 米，"郑和大号宝船的长度约 70 米"。从南京宝船厂（创建于明朝永乐年间，系专为郑和下西洋出访各国所兴建的大型官办造船基地）遗址上发掘出土的多根长度在 10 米、11 米左右的舵杆证明了这一点。"这个长度的舵杆，业界认为匹配的船只长度应在 70 米左右"。宝船一艘载重量 800 吨，可容纳千人，上下四层，船上有 9 桅，可挂 12 张帆，锚重有几千斤，要动用二百人才能启航。相比之下，半个多世纪后哥伦布船队启程驶向美洲时，他船队的旗舰是载重量约 100 吨的"圣玛丽亚"三桅帆船，船上只有 39 名船员。

从郑和洲际远航船队航海技术的先进来说，郑和船队运用了航海罗盘、计程仪、测深仪等航海仪器，以航海图和海洋科学知识为依据，按照海图、针路簿记载来保证船舶的航行路线。罗盘的误差，不超过 2.5 度。根据《郑和航海图》，郑和船队白天用指南针导航，夜间用观看星斗和水罗盘定向的方法保持航向。当时最先进的航海导航技术，是使用海道针经（24/48 方位指南针导航）结合过洋牵星术（天文导航）。这种采用当时最为先进的指南针与看星斗及水罗盘定向相结合的航海定向方法，使其船队能够在茫茫的大海中"云帆高张，昼夜星驰"。

（二）郑和洲际远航开启了全球化进程

郑和船队洲际远航开启的大航海时代，标志着全球化进程的开始。郑和洲际远航不仅把海上丝绸之路发展到一个新的顶峰，而且最早探索了连接全球的海上航线，为后来欧洲国家的探险家从海上到达美洲、亚洲、大洋洲提供了可供参考的地图。

郑和船队在远航中给沿途各国送去了茶叶、丝绸和瓷器等，与当地政权和居民交换香料和其他特产甚至奇珍异兽。虽然这种朝贡贸易还不是一种真正的市场贸易，但也开启了经济全球化的进程。其后欧洲国家的探险家从海上到达美洲、亚洲、大洋洲，是为了掠夺当地财产和建立殖民地。这是两种不同的经济全球化的进程。

虽然因为后来明清两朝由于沿海倭寇侵扰等原因实行一些海禁政策，中断了郑和船队洲际远航开启的中国式经济全球化进程，明清两朝再也没有进行这么大规模的远洋航行，但郑和船队的洲际航行为其后的全球贸易积累了很多经验，打通了对外贸易的航线。欧洲国家之后在建立美洲等殖民地的基础上与明朝进行贸易时，也是通过这些航线来到明朝。

西班牙和葡萄牙在占领美洲后，对美洲进行殖民掠夺。16 世纪西班牙和葡萄牙平均每年从美洲掠夺走 5500 千克白银、2900 千克黄金。该两国通过在美洲的掠夺，一跃成为欧洲最富有的国家。西班牙和葡萄牙的王室、贵族从世界各地特别是中国购买奢侈品供自己享受。中国当时对外出口的丝绸、茶叶、瓷器等都属于奢侈品。西班牙和葡萄牙用大量从美洲掠夺的白银购买中国的丝绸、茶叶、瓷器等，使明朝虽然处于部分闭关锁国的状态，还是获得了世界上 80%左右的白银。这可以说是经济全球化的第一个高潮，也是海上丝绸之路的进一步发展和延伸。而这些是与郑和船队洲际远航分不开的，因此郑和远航才是经济全球化进程的开端。

（三）郑和船队洲际远航极大促进了中外文化的交流

郑和是中国古代航海文明和古代海上丝绸之路的有力推动者。郑和洲际远航使中国古代海洋文明发展到巅峰，极大促进了中外文化的交流。

明朝初年，统治者借助怀柔的方式实现了对周边邻国的睦邻友好关系。在这一背景下，郑和奉命下西洋，掀开了我国对外和中外文化交流的新篇章。郑和下西洋冲破了国门的界限，显示从海上走向世界的决心。柏杨先生曾评价郑和"是中国第一位航海英雄，他下西洋与公元二世纪张骞出使西域一样，都是为中国凿开了一个过去很少知道的混沌而广大的天地"①。法国汉学家伯希和（Paul Pelliot）曾经说过郑和下西洋是"15 世纪初中国人的伟大海上航行"。②有诸多的必然因素共同促成了郑和洲际远航的壮举和成功。从全球历史发展的脉络来看，郑和洲际远航应该说是开辟了世界航海历史上的新纪元。

郑和洲际远航在很大程度上促进了我国与其他国家之间的文化交流，虽然从明成祖的本意来说是希望宣扬大明王朝的国威。

首先，促进了对外传播中国传统文化。郑和七下西洋对于对外传播中国传统文化具有一定的促进作用。在郑和七下西洋的过程中，包括儒家经典思想在内的中国一些传统文化思想，在沿途各国和地区得到广泛传播。所经过国家的文化体系受到中国高雅文化和俗文化包括酒文化、茶文化等一定的影响，中国传统文化对外传播得到了很大促进。郑和率领的船队曾经到达过的东南亚、南亚、非洲等地，与当地人进行贸易往来和文化交流。在这个过程中，中国的文化、科技和艺术等方面的成就得到了外界的认识和了解。同时，郑和还将中国的礼仪文化、音乐舞蹈、服饰等方面的传统文化带到了海外，让更多的人了解和接触到中国传统文化。此外，郑和七下西洋还推动了中国与其他国家之间的文化交流和合作，为中外文化的融合与交流做出了重要贡献。

其次，促进了外来文化在华传播。郑和七下西洋还推动了中国与其他国家之间的文化交流和合作，为中外文化的融合与交流做出了重要贡献。郑和七下西洋是中国古代航海活动的一个重要组成部分，也是中国历史上著名的远洋航海活动之一。在这个过程中，郑和率领的船队到达了交趾、马六甲、锡兰、印度、阿拉伯等地，穿越了印度洋，甚至到达大西洋和美洲，促进了中国与当时世界上其他地区的经济、文化、科技等方面的交流。在这个过程中，外来文化也随之传播到了中国，对中国的文化发展产生了一定的影响。例如，锡兰佛教文化的传入对中国佛教文化的发展产生了深远的影响；阿拉伯和印度的数学、天文学、医学等知识也通过郑和船队传入中国，为中国的

---

① 柏杨：《中国人史纲》，太原：山西人民出版社，2008 年，第 263 页。
② 伯希和：《郑和下西洋考》（《十五世纪初年中国人的伟大海上旅行》），冯承钧译，载《通报》，1933 年第 30 期。

科技发展起到了一定的推动作用。

因此，可以说郑和七下西洋促进了外来文化在华传播，为中国与世界其他地区的文化交流和融合打下了基础。

郑和洲际远航代表了中国古代航海文明的巅峰，这一壮举有其历史背景的特殊性和历史选择的必然性。郑和具有多重宗教信仰的背景，其中妈祖信仰这种起源于民间的信俗文化对郑和的航海经历产生了不可或缺的重要影响。同时郑和下西洋对妈祖文化在海内外传播起到了巨大的推动作用。郑和特别对妈祖崇拜有加。陈治政说："郑和航行前都要前往天妃宫举行盛大的祭祀仪式，官兵登船后要奉献仙师酒，念祝文，船中供奉天妃，昼夜香火不断，各船专设司香一名，每天清晨带领船员向天妃娘娘行顶礼。"[①] 如此计算，每只船上都配备专司香火的人员，则祭祀妈祖的专职人员总数是十分可观的。

郑和具备多元的宗教信仰，了解各教的教义礼仪等知识，十分有利于外交，有利于发展睦邻友好关系，这应也是朱棣选郑和为钦差大臣的重要原因之一。

永乐九年（1411 年）七月九日，郑和第三次下西洋回国时迎请了佛牙。"神圣佛牙"具有收服民心、宣示"君权神授"的意义，因此可以说，明成祖迎请佛牙也有显示自己具有法统地位的用意。

郑和洲际远航宣扬了中国古代海洋观。郑和七下西洋实行的是互相尊重、公平贸易，做到了强不欺弱、众不欺寡的中国传统观。但遇到强欺弱，就会伸张正义。在 28 年的对外航海中，中国没有侵占别国的领土，表明世界和平是和平外交得来的，而不能建立在战争的基础上，通过掠夺与杀戮或侵占领土来获得。郑和洲际远航宣扬了和谐海洋、共同发展的中国海洋观，这也是区别于西方海洋观的一个根本特征。

三、对郑和洲际远航进一步研究的思考

对郑和洲际远航已经有许多研究，但还有许多真相没有探明或考证。进

---

① 陈治政：《郑和七下西洋对安全引航的启示》，载《中国水运》，2013 年第 6 期，第 56 页。

入新时代，中国学者站在对郑和洲际远航研究的一个新的起点上，必须包容各种观点的探索，多去国外进行现场考证，鼓励世界各国各种专业背景的专家参与研究。这样才能将郑和研究发展到一个新的阶段。通过对郑和洲际远航的研究，进一步提升中华民族的自信心和感召力。

（一）对郑和洲际远航研究应该包容各种观点的探索

研究郑和远航的历史是一项复杂而有争议的任务，因为不同的历史学家和学者可能会有不同的观点和解释。因此，包容各种观点的探索是非常重要的，因为只有在研究郑和船队洲际远航时包容各种观点的探索，才能够获得更全面、准确和客观的认识。

其一，包容各种观点的探索可以促进学术交流和合作。如果我们只关注一种观点或者只追求某种结论，可能会导致学术争执和分裂，这并不利于学术进步和发展。相反，如果我们能够包容不同的观点和见解，就可以促进学术交流和合作，从而推动学术进步。

其二，包容各种观点的探索可以使我们在研究历史事件时能从各个角度更好地去理解。历史事件往往非常复杂，有时候甚至会有多种不同的解释和解读。如果我们能够包容不同的观点和解释，就可以更好地理解历史事件的背景、原因和影响，从而获得更深刻的认识。

其三，包容各种观点的探索可以促进文化交流和认知多样性。郑和的远航历史是中国和其他国家之间文化交流的重要组成部分，因此研究这段历史可以促进文化交流和认知多样性。如果我们只关注单一的观点或者只看待自己的文化背景，就会限制我们对其他文化的理解和认知。相反，如果我们能够包容不同的观点和文化背景，就可以更好地促进文化交流和认知多样性。

郑和研究必须以史实和考证为基础。在此基础上应该鼓励"百花齐放、百家争鸣"。有不同的观点应该允许提出和辩论。允许他人有不同的观点，是对对方的最大尊重。理越辩越明，辩论可以逐渐统一认识。例如，近年来，一些学者对郑和船队洲际远航到达美洲进行了各方面的研究，在史料和考证的基础上提出了一些有新意的观点，而且得到越来越多的研究印证。对这些研究应该加以鼓励。

要让郑和研究和真理探索过程变得更加包容，鼓励公开表达观点，并尊重其他人的意见，避免没有充分证据就批评他人的观点。要保持开放的态度，尊重每个人的观点，不因自己的观点而打击他人，保持公平的态度。要尊重和理解他人的观点，不去压制他人的观点，避免产生不必要的拉锯战。

（二）对郑和洲际远航研究应该去国外进行现场考证

首先，这是因为郑和洲际远航重要历史事件发生地点在国外。郑和远航的主要航线是从中国出发，经过和到达东南亚、南亚、中东、非洲、美洲等地，因此，研究郑和远航需要去这些国家进行实地考证。

其次，这是因为国外的博物馆和图书馆收藏丰富。国外的博物馆和图书馆中收藏有许多与郑和远航相关的历史文物和文献，如航海图、日记、史书等，可以提供更为详尽的资料和参考。

第三，这是因为需要增加对相关国家语言和文化的了解。郑和远航经过的地方有着不同的语言和文化背景，如苏门答腊的马来文化、印度教文化和伊斯兰教文化等，深入了解当地文化和语言可以更好地理解历史事件的背景和相关人物的行为。

第四，这是因为实地考察可以发现新的线索。实地考证一些历史遗址和遗迹，可能会发现新的历史线索，帮助我们更加深入地了解郑和远航的历史事件。

因此，研究郑和洲际远航应该进行现场考证，以便更加全面深入地了解这段历史。迄今为止，在其他国家已经发现一些可能是郑和船队洲际远航留下的物证。例如，在佛得角群岛简尼拉海岸附近有一块约3米高的石碑，与郑和船队在太仓立的石碑和在斯里兰卡南部栋德拉角立的石碑非常相似。现有表面铭文是中世纪葡萄牙文，但下面有更多的字迹，其中有的字经过辨认是印度喀拉拉邦的马拉雅拉姆语。郑和船队在海外立碑时为了使当地人能读懂，通常碑上铭文使用几种语言。佛得角群岛这块石碑的铭文非常可能使用了汉语、马拉雅拉姆语等语言。由于苔藓的附着和石碑风化侵蚀严重，加上近些年乱刻乱画损坏外观，已经很难辨认下面的字迹。应该尽快派专家去当地对该石碑进行抢救性考证，以证实是否是郑和船队留下的。如果能够证实，将证明当年郑和船队一支分遣队曾绕过好望角进入南大西洋，并到达佛得角群岛。

又如，在澳大利亚新南威尔士州北部拜伦海湾、维多利亚州美林河的入海口、悉尼南部海岸的伍伦贡、珀斯附近的沼泽地带、瓦南布尔等地发现多艘古代船只的残骸，在这些地方还发现一个中国古代的石雕女神头像和一只40 英尺高的木制舵。也应该尽快派专家去当地对这些古代船只残骸和文物进行抢救性考证。如果能够证实是郑和船队留下的，那将证明当年郑和船队一支分遣队曾到达澳大利亚。

再如，在美国东马萨诸塞发现了至少 12 个人工树立的石块，它们的大小、位置、表面与佛得角群岛上的石碑极其相似，其中一块石碑刻着一尊坐式佛像。也可以在适当时机派专家去当地对这些石碑进行考证。

（三）应该鼓励各种专业背景的专家参与研究郑和洲际远航

长期以来，研究郑和洲际远航的主要是历史学专业的专家学者。随着研究的深入，现在越来越需要鼓励中国和其他国家各种专业背景的专家参与研究郑和洲际远航。

多元化的专业背景可以带来更全面的研究视角。郑和洲际远航涉及历史、文化、地理、航海技术等多个领域，不同专业背景的专家可以从各自的视角出发，提供不同的研究思路和角度，有助于更全面地理解和解释相关问题。例如，曾经担任英国皇家海军潜艇艇长的加文·孟席斯对海上洋流和气候非常熟悉，他以航海图为主要依据，并运用了考古学和人类学等新的研究视角和方法研究郑和洲际远航，得出许多有新意的观点。美洲郑和学会会长李兆良教授是生物和化学科学家，2006 年获得在美洲出土的宣德金牌。为探究其来历，他毅然投入中国史、欧洲史、美洲史研究，实地调查与文献并重，涉猎冶金学、旗帜学、农业发展、陶瓷发展、地图等，发现《坤舆万国全图》主要部分并非利玛窦所绘，而是郑和时代中国人绘制，从而证明明代中国首先环球航行并绘制了第一张世界地图。

多元化的专业背景可以促进跨学科合作。郑和洲际远航研究需要各种专业背景的专家之间进行合作，形成跨学科的合作网络。这有助于促进知识的交流和共享，提高研究的质量和水平。

多元化的专业背景可以促进创新。不同专业背景的专家之间可以互相启发，激发出新的研究思路和创新点，有助于推动研究的深入和发展。

多元化的专业背景可以提高研究的实用性。郑和洲际远航研究不仅关注历史问题，还涉及现实的文化交流和航海技术等方面。不同专业背景的专家可以从实践的角度出发，提供更实用的建议和方案，为政策的制定和相关产业的发展提供支持。

议海南缝合船

何国卫①

【内容提要】缝合船是指在船板上钻孔，用绳索穿孔将船板之间牢固地系合成一体，然后塞漏舱缝的木板船。中国缝合船最迟始于唐代，主要航行于广东、广西、海南等海域。本文着重研讨出现在海南的海南万宁缝合船实船和海南琼州缝合船的船模，得以了解海南缝合船的应用和技术特点。

联想到战国游艇的铁箍缝合结构与绳索缝合结构在缝合机理上是一致的，表明早在战国时期先人们已经懂得了船板缝合连接的机理并得到了实际应用，最起码可以认为战国游艇留有的铁箍是木板船缝合的技术影子和痕迹的反映。

必须看到的是，木板船的缝合相对于钉合而言存在着明显的技术上的落后。

作为海南船舶主要航域的南海水域乃是中外缝合船频繁交汇之处，必然有利于创造中外缝合船交融的机会和促进技术的相互学习，这种学习应该是相互的，不是单向的，据当今的认知而言，尚不足以排除中国缝合船技术独自产生可能性的存在，所以还不能认定中国缝合船的产生是学用西方技术的结果。

【关键词】海南缝合船；缝合工艺；技术交融

一、缝合木板船

缝合船通常是指在船板上钻孔，用绳索穿孔将船板之间牢固地系合成一体，然后塞漏舱缝的木板船，又称线缝船。

现见到的缝合船由其材质的不同，大体上有两种：一种是用木板、木材缝制的缝合木板船；另一种是用桦树皮缝制的缝合桦树皮船，我国东北地区

---

① 作者简介：何国卫，中国船级社武汉规范研究所退休高级工程师。

的鄂伦春族至今还有制作桦树皮船的。

就木板船来说，按照木板船的连接方式的不同，又有用铁钉或木钉钉连的钉连木板船和用植物纤维捻成的绳索穿孔连接的缝合木板船的区别。值得一提的是，历史上是否曾经出现过用牲畜皮制成皮索作为缝合材来制作缝合船？就目前所知，尚未发现出土实物和文献记载可证，但是，依常识而言似乎是有存在的可能性，因此，一旦发现也是不会为此感到特别惊讶的。

本文主要研讨缝合木板船，不论及钉连船也不提缝合桦树皮船，并将缝合木板船简称缝合船，文中所谓的缝合船即指缝合木板船。缝合船历史悠久，使用地域广泛，中外学者多有研究和论述。中国缝合船主要出现在两广、海南一带，近代还有所见。

中国历史上出现过缝合船，史籍多有记载，摘引如下：

唐代刘恂在昭宗年间（889—904 年）任广州司马撰写的《岭表录异》记载：“贾人船不用铁钉，只使桄榔须系缚，以橄榄糖泥之。糖干甚坚，入水如漆。”广州出产桄榔，其须尤宜咸水，浸渍即粗胀而韧，故人以此缚船，不用钉线。华南出产的橄榄树上“生脂膏如桃胶”，“南人采之，和其皮叶煎之，调好黑饧，谓之橄榄糖，用泥船损，干后坚于胶漆，著水益干耳”[①]。居住在中国岭南的广东、广西、海南一带的中国南方人，常被称为“南人”。

南宋周去非成书于 1178 年的《岭外代答》记：“深广沿海州军，难得铁钉桐油，造舟皆空板穿藤约束而成。于藤缝中以海上所生茜草，干而窒之，遇水则涨，舟为之不漏矣。其舟甚大，越大海商贩皆用之。”[②]

清初屈大均（1630—1696）在《广东新语》里有记：“藤埠船，琼船之小者。不油灰，不钉塔，概以藤扎板缝周身，……其船头尖尾大，形如鸭母，遇飓风随浪浮沉，以船有巨木为脊，底圆而坚，故能出没波涛也。”[③]

史料证明中国缝合船最迟出现在唐代。

---

① 〔唐〕刘恂：《岭表录异》，武英殿聚珍版丛书本。

② 〔南宋〕周去非：《岭外代答》卷六，丛书集成初编本，上海：商务印书馆，1936年。

③ 〔清〕屈大均：《广东新语》卷十八《舟语》，康熙年间刊本。

二、海南的缝合船

至今所见到的中国缝合船的实物共有两艘都发现在海南，其中一艘是实船，即海南万宁缝合船，另一艘是海南琼州缝合船的模型，并非实船。

海南万宁缝合船是戴开元会同周世德、徐英范先生于 1980 年在广东做调查时发现的一艘缝合船的实船，琼州缝合船是比利时国家海事博物馆收藏的一艘缝合船船模。

不论是在海南出现的实船还是在比利时收藏的船模它们都是中国海南的缝合船，证明了在海南岛的近代还有制作和使用缝合船，具有重要的研究价值。

（一）海南万宁缝合船

戴开元先生曾为海南万宁缝合船撰写《广东缝合木船初探》一文在《海交史研究》发表，文中提供了海南万宁缝合船的许多技术信息。

"万宁县的这种船长 7—10 米，宽近 2 米，舯部舱深约 0.8 米，整个船体呈梭子形状。船上无桅无舵，也没有甲板及舱室，用桨、橹推进。船壳板厚约 2 厘米，用当地的白兰木制成，龙骨、肋骨等构件用杂木。所有船体构件的联接，不用铁钉钉会，而是用椰子壳纤维搓制的绳索，象缝衣服那样穿过木头上的钻孔捆扎而成。船壳也不用桐油石灰捻缝，而用茅草填塞板缝，再压上三条竹片，然后用椰子绳捆紧。这种船主要用于近海捕鱼作业。文昌县也有类似结构的船，不同之处是用尼龙绳捆缚船板。当地渔民解释说，以前一直是用椰子绳或藤条，近年来才改用更耐水浸的尼龙绳。"[1]（见图1A、图1B、图1C）

---

[1] 戴开元：《广东缝合木船初探》，载《海交史研究》，1983 年第 5 期，第86—89 页。

图 1A   海南万宁缝合船的外侧   图 1B   海南万宁缝合船的内部

图 1C   万宁缝合船板缝的捻缝结构图

（二）琼州缝合船

中国曾有一批多达 125 艘的清代船模于 1904 年参加美国圣路易斯世博会，该批船模又于 1905 年亮相于比利时列日世博会。杨雪峰先生与笔者为此曾于 2011 年 12 月远赴比利时国家海事博物馆探访了收藏在该馆库房里的这批珍贵的船模，琼州缝合船是其中的一艘，有幸当时摄有照片留存。

琼州缝合船是"载重量 4 吨的缝合船，28 英尺长，8 英尺宽，5 英尺吃水，从乡下运输水果、蔬菜到城市。船身由宽侧板、肋骨以及横隔壁组成，船底扁平，船头较尖锐带有微微的上翘；船尾上翘，艉横板扁平、略微倾斜、梯形。宽大的内侧船板，一块弯曲的靠着另一块。比较强壮的舷弧，船板之间的裂缝用竹叶、纤维和藤条堵住。敞开的船身前体，隔舱壁上有桅杆横梁和后倾斜的帐篷。第二隔舱壁上有个横座板。一条长凳。长方形的船舵"。该木质船模尺度为"长度 95.5 厘米，宽度 29.3 厘米，型深 13.3 厘

米"①。（图2）

图2　海南琼州缝合船船模（杨雪峰摄）

万宁缝合船和琼州缝合船是已知的两艘海南缝合船，都是无甲板的小型缝合船，它们的尺度也相近，但是也有不同的技术特征，现做比较如下：

表1　海南缝合船比较

	万宁缝合船实船	琼州缝合船船模
年代	近代	清代
船形	呈梭子形状，船底较狭	呈尖首方尾形，船底较平
船体结构	全肋骨制结构	二壁三舱制舱壁结构
动力装置	无桅无舵，配有用桨、橹推进	桅杆置于前舱壁横梁、设船橹
操纵装置	用橹	船尾置不平衡舵、设橹
缝合索材质	椰子壳纤维搓制的绳索或藤条（注：近代文昌缝合船用尼龙绳）	藤条

海南的两艘缝合船一艘是近代的实船，一艘是清代的船模，实船和船模二者得以相互印证，尽管年代并不久远，但对中国缝合船的研究价值不可小觑。

在此值得一提的是1998年9月，在马六甲海峡向东南600多千米的海域开始打捞的一艘船上载着的6万多件文物几乎全部来自1200多年前的中

① 比利时国家海事博物馆：《摇晃的船》，安特卫普，比利时国家海事博物馆，1993年。National Maritime Museum of Antwerp:<Shaky Ship>.

国大唐的沉船，它是一艘典型的印度或阿拉伯造的用椰壳纤维搓出来的麻绳固定船板的地地道道的缝合船，它的麻绳是固定在船壳的外侧板缝上的，它就是被称为黑石号的缝合船。（图 3）

黑石号缝合船是一艘 1200 多年以前横跨印度洋的远洋航船。船体总长约为 20—22 米，宽度为 7—8 米，型深约 3 米，在当时不算太小。阿曼政府特地邀请了澳大利亚海洋考古学家、阿拉伯造船史研究权威汤姆·沃斯莫博士（Dr. Tom Vosmer）担任建造团队的主管实施黑石号缝合船的复原建造。

图 3　黑石号缝合船复原模型（网上截图）

三、缝合工艺

（一）缝合船的缝索和舱料

中国缝合船的缝索和舱料材质在历史的使用大体如下：

唐代的缝合船的缝合是先"用椰子皮为索连缚"，后来"使桃榔须系缚"，到了南宋时期缝合船是船"板穿藤"，直至清代仍是"概以藤扎板缝周身"。唐代的缝合船的堵漏舱缝是用"葛览（橄榄）糖灌塞"，"以橄榄糖泥之"，南宋时期用的却是"海上所生茜草，干而窒之"，近代的海南万宁缝合船"用茅草填塞板缝"。

据上所记，自唐代、南宋、清代直至近代时期缝合船用的缝合索和舱缝的材质，列于下表。

表2　不同历史时期中国缝合船所用缝合索和舱料材质比较

	唐	南宋	清	近代
缝合索	椰子皮、桄榔须	藤	藤	椰子、藤、尼龙绳
舱料	橄榄糖	茜草	—	茅草

南宋以前缝合船所用的桄榔须、椰子绳已经被藤条所代替，同时橄榄糖也被茜草所取代。近代的海南万宁缝合船就是用"椰子壳纤维搓制的绳索"，"以前一直是用椰子绳或藤条"。清代虽未见文献记载缝合索用椰子，但是，椰子是南方地区尤其在海南岛最为普遍的热带植物，价廉的椰子不论哪个历史时期都会被采用的，近年来，海南文昌县也有类似结构的船改用更耐水浸的尼龙绳捆缚船板。这种材质的取代使得缝合船增强缝合强度、降低建造成本和利于建造工艺。

尤其是使用具有高强度的藤条缝合是非常有效和实用，故用藤条缝合的中国缝合船亦有称为藤舟、藤埠船的。

外国缝合船的绳索主要是用到了"大麻""桄榔""椰壳"等，舱料多用"沥青"。

（二）缝合船的缝合工艺

缝合船的建造技术主要体现在船板、构件的缝合工艺上，缝合是缝合船建造工艺的主题。

缝合船船体构件的连接相对于钉合船而言，它的建造工艺主要体现在船体木构件的缝合连接上，主要在两个方面，其一是全船不用钉，而靠穿孔绳索固紧连接构件；其二是船壳不用传统的桐油灰泥舱缝，而是采用在其缝隙填塞防渗漏材料。

缝合船的缝合方法大同小异，首先在船板上一定的位置上钻凿出尺寸合适的孔洞，然后再用绳索以各种型式穿过这些孔洞，从而将船板牢固地系合成一个整体，并将所有的孔洞和板缝的缝隙填塞舱料堵漏以保船体不渗漏水的水密性。

钻凿木孔、穿索固紧和舱缝堵漏是缝合船建造的三个关键技术，木板钻孔是早在新石器时期的先人就已经掌握的技术，而穿孔固紧用的绳索必须选用在浸水后质地会变软，即便长时间浸泡在海水中也不容易腐烂的植物纤维捻制而成，舱缝材料通常使用石灰和树脂之类，绳索和舱料多是就地取材制作。

缝合船的缝制工艺类同于缝衣服那样，它是将一根一根的纤维绳索一个一个地穿过木头上的钻孔，然后捆扎紧固被缝构件的"针线活"，所以说，缝合船是缝出来的船。缝合技术主要体现在缝合工艺、缝合用材两个方面，不同地区和不同时期的缝合船的缝合技术不尽相同。

缝合船的缝合缝，有"暗缝"和"明缝"之不同，整个缝合工序都在船体内侧进行的是"暗缝"，整个缝合工序都在船体外侧进行的则是"明缝"。"暗缝"的缝绳的两端都被打成结后将结头塞进船板的槽沟内，有的还再打入木钉加固，以增加接缝处的连接牢固程度。缝绳的结头都是布置在船内的"暗缝"的缝线在船外表面呈整齐平顺的排列，相对光顺的船壳表面不仅美观还有利于减小水阻力，应该说，"暗缝"是对"明缝"的进步，因此，多见的缝合船是"暗缝"。缝合作业通常是在缝板的里外两侧对应穿孔缝线进行的，这有利于提高缝合质量和效能。

（三）单针缝合与连针缝合

木船的穿线缝合可简分为两种型式：

第一种是缝线仅仅通过被连接木板或构件成对的两个钻孔，与其他钻孔并不连穿的，称作单针缝合，海南的万宁缝合船实船和琼州缝合船船模的缝线的缝合型式如同一辙，两船显示缝线都仅仅是通过被连接木板或构件成对的两个钻孔，与其他钻孔是不连穿的，都是单针缝合（图 4A、4B、4C、4D）。

图 4A 琼州缝合船船模船艏部分里侧板缝结构（笔者摄）

图 4B 琼州缝合船船模船艏部分外侧板缝结构（笔者摄）

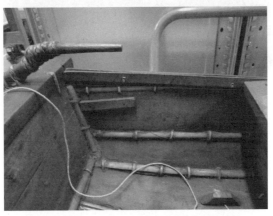

图 4C 琼州缝合船船模船舰部分里侧板缝结构（笔者摄）

图 4D　琼州缝合船船模船艉部分外侧板缝结构

第二种是用长线依次连续穿孔缝制的，其特点是多针长线连续穿孔缝合，即用长线依次连续穿孔缝制的，称作连针缝合。黑石号缝合船所显示的就是连针缝合（图 5A、5B），图中可见黑石号除了多用连针缝合外，也有在需要的局部部位运用单针缝合的。

图 5A　黑石号缝合船的缝线的外型

（此图截自：《Jewel of Muscat》，P31）

图 5B　黑石号缝合船用长绳线在连针缝合作业中

（此图截自：《Jewel of Muscat》，P14）

缝合船的缝合型式是由船匠根据不同的需要和自身的制作习惯灵活应用的。单针缝合的连接强度不如连针缝合，但是在施工上却要简单得多了，因此单针缝合对于体量较小的海南岛缝合船是很适合的。

四、由战国游艇的铁箍缝合引起的联想

前面所述的缝合船都是植物纤维制成的绳索缝合的，有用铁质材料缝制的缝合船吗？似乎是难以想象的。在一次与何志标老师讨论缝合船时，他"想到一个问题，中山王墓战国游艇的铁箍连接的方式，有没有缝合的影子？"思此想法后很有启发，值得引人关注。

1974 年到 1978 年于河北平山县三汲乡发现战国时期的古城遗址一座，即中山国都城灵寿。古城内外有战国墓 30 座。一号墓出土器物极丰，经考古学界考定为中山王之墓，埋葬时期约在公元前 310 年前后。[①]中山王墓葬船坑内有船数只，极为罕见。此等船只是中山王生前所御之游艇，用以随葬。中山王御用游艇经复原研究，[②]其船身总长 13.1 米，最大宽度 2.3 米，最大深度 0.76 米。战国游艇的尺度比例谐调，船舶具有相当理想的流线

---

① 河北省文物管理处：《河北平山中山国墓葬发掘简报》，载《文物》，1979 年第 1 期，第 1—10 页。

② 王志毅：《战国游艇遗迹》，载《中国造船》，1981 年第 2 期，第 94—100 页。

型，横剖线匀称，水线流畅飘逸。

　　"船板的联接方法是先在相邻两列船板上，于距船板边接缝 40—50 毫米处各凿一 20 毫米见方的穿孔，以铁片经穿孔绕扎 3 道或 4 道，相邻的两船板即为之联拼；然后将穿孔之间隙以木片填塞，再注入铅液封固，具体结构见图 6（记：引文原图号 3.4）。这种联拼方式极其牢固可靠，在葬船坑中未经扰动的部位，铁箍仍然屹立。

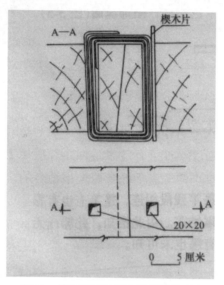

图 6　战国游船用铁箍联拼船板

　　铁箍的形状不一，系由于船体外形所致。船体平直部分的铁箍为矩形，其高度由木板的厚度而定，所见约 100—150 毫米，由此可知所述战国游艇的外板厚度约为 100—150 毫米。由于绕扎铁箍的穿孔距相邻两列板的边缝各 40—50 毫米，则确定了铁箍的宽度约 80—150 毫米。存舱部的铁箍，其高度、宽度与前者相近，但其一边则随船体型线而呈不规则曲线。则确定了铁箍的宽度约在 80—100 毫米。

　　由随葬船在底部和侧壁的灰痕漆迹可以看到，船板的宽度大约为 400—600 毫米，船首处的船板则稍窄，仅约 300 毫米。在两列板的边接缝处以铁箍相联拼，既牢固又可靠。"①

　　席龙飞教授在其《中国造船通史》一书中指出："铁箍的应用当为用铁

---

　　①　席龙飞：《中国造船通史》，北京：海洋出版社，2013 年，第 47—48 页。

件联拼船板的早期阶段。嗣后，铁器使用日久，次要部位逐渐以铁钉代替骨钉，后经实践证明铁钉也具有牢固可靠的效果，便完全取代铁箍了。这也许就是木船建造中使用铁钉钉联船板的历史演进过程。现代木船在最重要部位使用的锔钉，也称'蚂蝗钉'，实际上就是半个铁箍，显然是铁箍的继承和发展。战国时代以铁箍联拼船板的工艺，发展成宋代使用的锔钉以及挂锔工艺，对保证船舶的坚固具有重要意义。"① 既然铁片经穿孔绕扎达 3 道或 4 道，此扁铁具有一定的长度，所以此铁片应该是扁铁条。

船板的缝合机理应包括四个基本技术特征，其一，以一定材质制成的缝合材；其二，被缝合板开有缝合穿孔；其三，缝合材通过缝合穿孔绕被缝合船板（或构件）达到或超过一周；其四，缝合材的作用是紧密连接船板（或构件）。用扁铁打箍与绳索绑扎是两种不同的缝合工艺，战国游艇用扁铁缝合船板无疑也是符合船板缝合的四个技术特征的，只是它的缝合材是用铁质的扁铁而不是用植物纤维制成的绳索而已。

因此，可以说，这种扁铁缝和绳索缝在缝合的机理上是一致的。表明战国时期先人们已经懂得了船板采用缝合连接的机理，并且掌握船板用扁铁片缝合的造船工艺。最起码可以认为战国游艇留有的铁箍是木板船缝合的影子和痕迹的反映。由此可以说，中国的船板缝合意识和用扁铁缝合船板的实践要比唐代用植物纤维缝制木船早了 1200 年左右。

当然，中山王墓战国游艇毕竟是一件冥器，在生活实际中的实船是否也是用这种铁箍连接呢，这作为一个有待研究的问题提出。

五、缝合木船存在着落后性

缝合木船相对于钉合木船在技术上是落后的。缝合船在较长时间的航行中经受风浪的袭击和各种装载负荷的作用下，使得板缝处的绳索和艌料极易发生松动，必然会造成缝合强度和水密性受损。《岛夷志略》里描述甘埋里的缝合木船"渗漏不胜，梢人日夜轮戽，水不竭"②。《广东新语》描述海南岛缝合木船也说："藤埠船，琼船之小者，不油灰，不钉锴，概以藤扎板

---

① 席龙飞：《中国造船通史》，北京：海洋出版社，2013 年，第 48 页。
② 〔元〕汪大渊：《岛夷志略》。

缝，周身如之。海水自罅漏而入，渍渍有声，以大斗日夜戽之，斯无沉溺之患。"① 在此所曰：因海水"渗漏不胜"，"罅漏而入"，只得"日夜轮戽"，"大斗日夜戽之"了。可见缝合之处的水密性是不能令人满意的保证。缝合船随着尺度的增大，此弊病就越凸显。马可波罗曾评论说："其船舶极劣，常见沉没，盖国无铁钉，用线缝系船舶所致。"②

中国的钉合木船主要是用铁钉钉合船体，用桐油石灰、竹麻纤维艌合船缝。这工艺至迟在隋末唐初已基本上发展成熟了，在包括广东在内的许多地区得到了广泛的采用。不仅在船体结合强度，而且在防水密封性能及耐久性等方面，铁钉连接油灰艌缝的钉合木船远远胜于缝合木船。

正因为缝合木船技术落后性的存在，它逐渐被钉合木船所替代乃是历史的必然。不过，在海南岛出现的海南万宁缝合船实船和琼州缝合船船模说明在近代还有缝合船的存在，显示在近代还有缝合船的建造使用，这是因为缝合船的建造相对来说工艺比较简单，尤其容易就地取材，如同至今还有见到的木筏、独木舟一样。

钉合木船取代缝合船是经历一个慢而长的时间过程，但是不能以此无视缝合船的落后性。实际上，近代的缝合船已有不少的技术跟进，例如，除了海南万宁和琼州的缝合船的实船和船模外，在海南"文昌县也有类似结构的船，不同之处是用尼龙绳捆缚船板"，"以前一直是用椰子绳或藤条"的。总之，在木船的构件连接强度和缝隙艌缝效果方面，绳索缝合远不如铁钉钉合。

缝合木船在两广和海南等海域出现是有其原因的：第一，汉唐时期岭南地区的经济和技术方面还远落后于中原地区；第二，缝合木船与钉合船相比在技术上的落后性是非常明显的；第三，中国古代钉合木船所需要的铁钉、桐油灰在当地是稀缺物资，价格昂贵，南宋周去非的《岭外代答》就有"深广沿海州军，难得铁钉桐油，造舟皆空板穿藤约束而成"的记载；第四，缝合木船建造工艺简单，就地取材容易，故而建造成本较低；第五，广东、广

---

① 〔清〕屈大均：《广东新语》卷十八《舟语》，康熙年间刊本。
② 〔法〕沙海昂注、冯承钧译：《马可波罗行纪》，上海古籍出版社，2014 年，第 46—60 页。

西、海南等海域，尤其是海南是"南人"与"胡人"缝合木船频繁出现的海域，这是互相交流缝合木船技术非常有利的地理条件。

六、中西缝合船的技术交融

早在晋代嵇含撰的《南方草木状》中有说："桄榔树似拼榈实，其皮可作綆，得水则柔韧，胡人以此联木为舟。"[①] 此"胡人"应指域外人，尽管学界对该书的真实作者及成书年代尚存不同见解，但是起码可以说明，晋代人对来过南海海域的"胡人"的缝合船就有所认知。

中国缝合船主要出现在两广、海南等海域，而阿拉伯、波斯和印度的缝合船在唐代就活跃在中国东、南海一带，该地区地理位置特殊，已成中外缝合船的技术交融必然场所。唐代广东的海上交通非常兴旺，对外通贸交往相当频繁，唐代在广州首设了专门管理对外贸易事务的市舶使。唐宋时期的海南岛是广东海外通路要冲之地。来广州的外国商船经南海的，许多都会中途停泊于此。

根据考古材料，在世界范围内缝合木船的出现西方远早于中国，那么，中国的缝合船是学习引进西方的，还是中西方缝合船各自独立产生演进和发展的？这是学者所关注的问题，学界对此存在两种不同的学术观点，一种认为西方缝合船在先，中国是学而用之；另一种认为眼下尚无令人信服的依据可以佐证中国缝合船是学西方的。这两种不同的学术见解，有待深入研讨。

要论述一方学习引进另一方的技术除了文献资料有证外，还得从技术的关联上来比较观察才是。时下笔者还是更倾向于后一种观点，理由简述如下：

第一，缝合木船的出现是"胡人"早于岭南"南人"的，但是，后出现的技术不一定就是学用早出现的技术的。不同地区出现类同技术的实例不少，出现在世界各地的独木舟就是一例，再例，荷兰船出现的拔水板晚于中国，但以此持荷兰的拔水板技术是学自中国的结论，尚未能获得学界的普遍认同，至今还是处于学术讨论中的问题。

---

① 旧题〔晋〕嵇含：《南方草木状》卷中，影印，《百川学海》本癸集上。

第二，当前尚缺史料记载和出土文物可以佐证中国缝合船技术是直接学习外国的结论。

第三，从绳索和舱料的材质看，中外缝合船并无直接的关联。缝合船的制造用材如同其他船的一样，就地取材是最基本的规律，即使某地出产的材料并不优质，只要能用还是会被采用的。

第四，从中国缝合船使用的绳索和舱料材质历史的看，也看不出学用外国缝合船技术的痕迹。

第五，海南缝合船所多用的单针缝合工艺相对外国常用的连针缝合要简单得多，看来，很难说成是学用外国常用的连针缝合。

第六，战国游艇的铁箍缝合显示出当时已对船板的缝合机理的认知和应用实践是木板船缝合的影子和痕迹，它要比唐代用植物纤维缝制木船早了1200 年左右。

广东、广西、海南等海域，尤其是海南海域是"南人"与"胡人"缝合木船频繁出现的海域，这是非常有利于缝合木船技术互相交流的地理环境。航行在该航域中外缝合船频繁交汇必然有利于创造中外缝合船技术交融的机会和促进相互之间的学习，这种学习应该是相互的不是单向的，当下尚不能认定中国缝合船的产生一定是学用西方技术的结果之说。

拙见以为就当前史料看，不足以排除中国缝合船技术独自产生可能性的存在。

至于，为何出现中国缝合木船在广东、广西、海南等海域的问题，究其原因可能有几个方面：

其一，缝合木船与钉合船相比在技术上的落后性是非常明显的；

其二，汉唐时期岭南地区的经济和技术方面还远远落后于中原地区；

其三，中国古代钉合木船所需要的铁钉、桐油灰在当时当地是稀缺物资，价格昂贵；

其四，中原地区的木板船已经使用了铁钉钉连，所以，就缺少如同南方发展缝合船的现实需求；

其五，南方地区就地取材更加容易，缝合木船建造工艺简单，故而建造成本较低。

七、小结

由上的论述可归结几点认知如下：

1. 活跃在两广、海南等海域的中国缝合船最迟出现在唐代。

2. 缝合船的缝制有多种缝合型式，工艺简单的单针缝合在缝合强度等方面虽不如连针缝合，但是缝合船的产生和应用的最基本规律应该是就地取材和实用需求，出现的海南缝合船实船和船模也不是偶然的。

3. 在认识缝合船历史悠久和曾经有过的辉煌的同时不能不注意到缝合船相对于钉合木船在技术上是落后的。

4. 出土的战国时期的游艇留有符合缝合机理的用扁铁打箍的缝合连接所显示的应该是木板船缝合的技术影子和痕迹的反映。

5. 中国缝合船多出现在两广、海南等海域是与其所处地域环境和历史的发展相关联的。

6. 中外缝合船在两广、海南等海域的交融，必然存在着技术上的互相交流和学习，当前史料尚还不足以排除中国缝合船技术独自产生的可能性。

古代海上丝绸之路视域下中日交往的历史与价值①

沈　昊②

【内容提要】 早在秦朝统一中国之前，中日之间已经有了交往与联系，之后通过古代海上丝绸之路中日双方的联系更加的密切和频繁。中日之间通过海上丝绸之路的这种交往早在秦汉魏晋南北朝时期就已经开始并奠基，这一时期具有偶然性的特点；隋唐时期是其发展阶段，交往的多元性特点明显；宋元时期逐步达到了鼎盛状态，政治性更加突出；明清时期开始走向衰落，双向性的特点更强。古代海上丝绸之路视域下的中日交往具有重要的历史与现实价值，促进了中日的贸易交流、文化交融、国力发展与当代往来，为当代推进东北亚区域的交流交往提供了良好的历史遵循。

【关键词】 古代海上丝绸之路；中日；交往；历史；价值

古代海上丝绸之路作为中日交往的重要通道，自汉朝就已经开始形成，经过长期的发展变化开始逐步的由盛而衰。对于这一问题，相关学者已有部分论述。中国学者大多以古代丝绸之路中的中日交往的某一特定历史时期或某一特定领域或某一特定地点为研究对象，例如研究陶瓷业的交流、货币的交流、宋朝的中日交流、山东与中日交流等等。③周明军等人对徐福东渡进行了考证，大体上认为徐福东渡，是中国文化向海外的一次大传播，是历史

① 基金项目：国家社科基金重点项目"美国朝核政策与半岛无核化互动趋势研究"（项目编号 20AGJ008）。

② 作者简介：沈昊，1994 年生，历史学博士，讲师，延边大学人文社会科学学院国际政治系教师，研究方向为中国外交、东北亚国际关系。

③ 这类的成果主要有：朱马越《隋唐时期扬州佛教文化沿海上丝绸之路的传播》，黎跃进《"丝绸之路"与中日文学、文化交流》，郝名、马诗华《宁波与日本"海上丝绸之路"遗迹调查》，杨古城《明代中日僧使外交与海上丝绸之路》，等等。

上中、日、韩第一次大规模的经济和文化交流。[①]王禹浪等人对东北亚古代丝绸之路的形成、路线等问题进行了探讨，认为东北亚古代丝绸之路自秦汉以来至今，一直在东北亚区域的交往中发挥着重要作用。[②]

国外学者的相关研究主要是集中于韩国和日本学者的研究，韩国和日本学者的研究宏观与微观兼备，既有对古代东北亚海上丝绸之路的整体研究，同时也有从某一领域入手的研究成果，而研究中日交往整体过程的居多。[③]韩国的崔在洙是此类问题研究的代表性学者，他分析了 15 世纪之前的东北亚区域海上交流史，以古代丝绸之路为研究对象，论述了东北亚区域交流的历史情况。[④]通过对相关研究成果的梳理发现，当前关于本选题的研究取得一定成绩的同时也存在着一定的问题和需要进一步拓展之处。这主要是：当前的相关研究大多数是从某一领域的微观角度着手研究，或是瓷器贸易，或是航海交流，或是某地的单独交流，研究内容大多为从细微之处开展，缺少对古代海上丝绸之路视域下的中日交往的总体把握与回顾，这也正是本文力求取得的突破之处。

一、古代海上丝绸之路视域下中日交往的历程

1. 奠基阶段：秦汉魏晋南北朝时期

早在秦朝统一中国之前，中日之间已经有了交往与联系，但是这种交往与联系带有一定的偶然性与随机性，并没有真正地建立两国之间的正式关系，这与当时的日本经济社会水平发展较低、中日两国的航海技术还不发达

---

① 这类的成果主要有：周明军《徐福东渡与海上丝绸之路》，赵鸣《海上丝绸之路与徐福东渡的意义》，孙光圻《徐福东渡在古海上丝绸之路中的历史地位》，亚非《早期北方海上丝绸之路与徐福东渡》，等等。

② 这类的成果主要有：王禹浪、王天姿、王俊铮《东北亚古代丝绸之路初步研究》，张忠《东方丝绸之路的辽东路线》，曲玉维《徐福：中国海上丝绸之路的开启者》，徐波《古代东北亚丝绸之路的缘起、特点及现实意义》，等等。

③ 这类的成果主要有：池田温《東アジアの文化交流史》，住吉大社《遣隋使.遣唐使と住吉津》，王勇《害物の中日交流史》，陳炎《海上絲綢之路与中外文化交流》（中文出版），木宫泰彦《日華文化交流史》，等等。

④ 这类的成果主要有：최재수《고대중국의 해상활동과 해상실크로드》和《해양과 인류문화의 발전: 고대중국의 해상활동과 해상실크로드》。

有很大的关系。秦朝是中日开始正式交往的起始阶段，开始奠定中日两国的交往基础。关于秦朝时期中日交往的最有史料价值的莫过于"秦始皇派遣徐福带领童男童女东渡日本"一说，这是在《史记》当中有明确记载的：

"齐人徐市（即徐福）等上书，言海中有三神山，名曰蓬莱、方丈、瀛洲，仙人局之。请得斋戒，与童男女求之。于是遣徐市发童男女数千人，入海求仙人。"

《三国志》当中也再次对徐福东渡的传说予以刊载，进一步对相关史实加以印证。秦朝时期的中国，经济和政治实力都有了一定的发展，国力也开始在区域内的相关国家中居于比较优势地位。另外，秦朝时期的中日交往还有一个不可忽略的因素，就是部分秦朝移居日本的中国人，是为了避免战乱而举家迁移。

汉朝是历史上存在时间较长的王朝之一。汉武帝时期，西汉的国力有了空前的发展与进步，开拓了中国封建王朝的第一个发展高峰。鉴于朝鲜王攻杀辽东都尉，汉武帝决定从海陆两个方向进攻当时的朝鲜。朝鲜兵败后，汉武帝重新划分旧域，在朝鲜半岛设置了乐浪郡、玄菟郡、真番郡、临屯郡，通过朝鲜半岛的地缘联系，中日两国的友好往来在这一时期大大加强了。

图 1　汉武帝在朝鲜半岛设置的四郡图

在西汉时期的基础上，东汉时期的中日往来更加频繁，《后汉书》当中甚至首次为日本设置了单独的"倭传"，其中有如下记载：

"建武中元二年，倭奴国奉贡朝贺，使人自称大夫，倭国之极南界也。光武赐以印绶。"

魏晋时期中日的交往进一步延续了汉朝时期的"东渐大势，是以朝鲜半岛为桥梁，向日本列岛间接传播的"[①]。公元 238 年，公孙政权被曹氏所灭之后，魏国势力扩展到朝鲜半岛。日本北九州的倭女王国派遣地方官员通过带方郡前往魏国与之交好。南北朝时期，日本与南朝的交流进一步发展。刘宋王朝在公元 420 年建立以后，翌年倭王赞就前来"修贡"。《宋书·倭国传》当中就有明确的记载：

"高祖永初二年，诏曰：'倭赞万里修贡，远诚宜甄，可赐除授。'"

但是，有一个问题值得注意：在现有的《魏书》等重要史料中，并未发现日本与北朝的直接交流证据，相反的是"倭五王"跨越万里与南朝相联系，这可能与当时的日本认为南朝才是真正意义上的正统王朝有直接的关系。

秦汉魏晋南北朝时期作为中日海上往来的奠基时期，充满了偶然性与随机性，甚至部分贸易方式仍然是传统的物物交换，但是，不可否认的是，这是古代海上丝绸之路下中日交往的源头，为中日后期的往来奠定了基础。虽然秦汉魏晋南北朝时期中日的交往有着长久的历史，但是却始终缺乏制度化的保障，这一特点也从秦汉魏晋南北朝时期延续到后期。这一时期的海上丝绸之路之中的中日交往，缺乏自上而下的引导与支持，特别是缺乏一个固定的整体的交往模式与平台，导致出现了交往中的随机性、偶然性。另外，交往过程中的偶然性也体现在偶然性事件对于双方交往的影响，在出现重大历史变故的情况下，一些交往成果很快就会随之瓦解，难以长期坚持下去。

2. 发展阶段：隋唐时期

隋唐时期的中日交往注重文化，贡赏物资的记载较少。"但从渤海使节所获日本天皇所赏赐的美浓絁、调锦、土毛绢、缬罗、白罗、彩帛、白锦、东絁、丝、帛、锦、锦彩等，不仅品种多，而且一个品种一次就多达以万

---

① 张云樵、孙金花：《魏晋南北朝时期中日文化交流》，载《社会科学辑刊》，1993
年第 1 期，第 70 页。

计。"[1] "遣隋使""遣唐使"是隋唐时期中日交往的重要见证，也是中日交流史中最突出的史实。仅在唐朝时期，日本正式派遣的遣唐使就多达 12 次，这还没有将"送唐客使"和其他未成行或中断的派遣计入。

表 1　历次遣唐使情况表[2]

次序	使者姓名	总人数	船数	出发年代	返日年代
1	大仁　犬上三田耜 大仁　药师惠日	不明	不明	630 年	632 年
2	大使小山上　吉士长丹 副使小乙上　吉士驹 〔另组〕 大使大山下　高田根磨 副使小乙上　扫守小磨	121 人 120 人	1 1	653 年	654 年
3	押使大锦上　高向玄理 大使小锦上　河边麻吕 副使大山下　药师惠日	不明	2	654 年	655 年
4	大使小锦下　坂合部石布 副使大山下　津守吉祥	不明	2	659 年	661 年
5	小锦中　河内鲸	不明	不明	669 年	不明
6	执节使直大式　粟田真人 大使直广参　高桥笠间 副使直广肆　坂合部大分 从五位下　巨势邑治	不明	不明	702 年	704 年
7	押使从四位下　多治比县守 大使从五位上　阿部安摩 大使从五位下　大伴山守 副使正六位下　藤原马养	557 人	4	717 年	718 年
8	大使从四位上　多治比广成 副使从五位下　中臣名代	594 人	4	733 年	734 年 736 年

---

① 傅朗云：《东北亚丝绸之路历史纲要》，长春：吉林文史出版社，1999 年，第 89 页。

② 藤家礼之助：《中日交流两千年》，章林译，北京：北京联合出版公司，2019 年，第 97—98 页。

（续表）

次序	使者姓名	总人数	船数	出发年代	返日年代
9	大使从四位上 藤原清河 副使从五位下 大伴吉唐 副使从四位上 吉备真备	第二、三船为220余人	4	752年	754年 753年
10	大使正四位下 佐伯今毛人 副使从五位上 大伴益立 副使从五位上 藤原鹰取 从五位上 小野石根 从五位上 大神末足	不明	4	777年	778年
11	大使从四位下 藤原葛野麻吕 副使从五位下 石川道益	不明	4	804年	805年
12	大使从四位下 藤原常嗣 副使从五位下 小野篁	651人（第三船140人未出发）	4	838年	839年 840年

从表 1 当中可以看到，遣唐使的规模不断扩大。初期（第一批—第五批）主要就是遣隋使的延续，主要在于学习中国制度、典章以及佛法。盛期（第六批—第九批）时期的日本已经建立了较为完备的律令制度，表 1 中也反映出这一阶段的遣唐使已有相当的规模。末期（第十批—第十二批）的遣唐使开始呈现出一定的衰退趋势，特别是第九批之后，唐朝发生了"安史之乱"，这一重大事件的爆发，对于日本的遣唐热情造成了极大的打击。安史之乱动摇了唐朝的统治根基，特别是当时的华北黄河流域，土地荒芜，百姓流离失所，唐朝昔日的繁荣已经消失殆尽。与此同时，日本在长达 150 年间派出的遣隋使和遣唐使，在这一时期也开始萌生了"需学之物已吸收殆尽"的想法，这固然与平安贵族的消极思想有着重要联系，但是安史之乱等偶然性事件产生的巨大冲击确是不可否认的。

但是，隋唐时期，特别是 8 世纪的唐朝，无疑是繁荣和鼎盛的时期，中日之间稳定的国际形势，为中日双方的稳定交往提供了良好的环境，以天子自尊的唐朝皇帝，按照传统的"怀柔远夷"思想，对日本泛海而来的使者给予盛情礼遇。值得一提的是，当时的中日交往不仅仅局限于官方往来，民间的贸易、文化交流也日益繁盛。古代中日的友好往来开始于秦汉时期，但是却兴盛于唐朝。隋唐时期中日两国在古代海上丝绸之路的大环境之下开展了十分密切的交流活动，各种官方和民间贸易相当频繁，交往的内容呈现出多元化的特点。中日之间围绕着海上丝绸之路的交往不再是单一、固定的，而是具有多元化的特点。仅以一事为例：大历十二年（777 年）夏末，日本天皇派大学少允高丽殿嗣为答聘使回访渤海，所赍日本国书大略有云：

"今造船差使送至本土，随赠王绢五十匹，絁五十匹，丝二百絇，绵三百屯，又加赠黄金百两，水银百两，金漆一缶，漆一缶，海石榴油一缶，水晶念珠四贯，槟榔扇十枚。"

从双方贸易中的内容来看，双方交往的过程中既有丝绸、玉器、宝石、香料、药材、陶瓷、珍禽、异兽等物品，同时也有佛教、道教、儒家思想、律令法制等思想层面的结晶。在"东来""西去"的过程中，对中日双方社会也产生了不同的影响，这种贸易、文化交往无疑对中日文明的进步产生了很大的影响。

3. 繁荣阶段：宋元时期

在宋朝（北宋）的 160 多年（960—1127 年）间，"宋船来往的次数仅明确的就达 70 多次……但能够断定为日本商船的船却一艘也没有。"可以说，这一现象充分地表明了当时的宋朝（北宋）与日本之间交流的情况，也就是说，当时的中国方面的积极态度与日本方面的消极态度产生了对立，双方产生了矛盾和纠葛，日本禁止商船私自到海外。但是，虽然当时的日本在官方的外交层面坚持了消极态度，但是也试图通过驻外机构进行私下交涉，也通过驻外的大宰府为求得贸易利益或其他利益，试图瞒着中央进行活动。部分日本贵族也追求来自中国的物品，部分小规模的走私贸易十分盛行。

中国从北宋向南宋的过渡时期，日本正值院政时代，同时也是平氏兴起的时期。平忠盛积极的自由贸易态度，其子平清盛将这一理念扩展到了日本全国，传统的宫廷贵族们退化消极的对外态度遭到了打击。平清盛时期，日本解除了锁国状态，大力鼓励日商进行对外贸易。由平清盛开辟的宋日贸易的繁荣发展态势一直延续到了镰仓时代初期，并且得到了进一步发展。镰仓时期的《源平盛衰记》中明确写道：

"本朝与大宋之间，度海极为寻常，甚为容易。"①

频繁的往来与航海技术的进步是离不开的，宋朝的航海技术极为发达，日本商船也学习了宋朝的造船技术和航海技术，类似过去遣唐使船只经常罹难的现象大大减少。

元王朝作为游牧民族政权，称霸全世界的意识更加强烈，对东北亚地区的各民族实行武力征服。但是这并没有影响当时的元朝与日本的商贸交往。元朝商船同日本的交往一直没有中断，海上贸易额超过前代。元王朝在松花江和黑龙江设立狗站，改善了对当时的东北亚贸易的管理，为后来著名的"山丹贸易"②开辟了广阔的市场。元朝时期的中日交流通过海上丝绸之路进一步扩大了，特别是日本对于当时元朝的经济的学习十分的全面。

总的来说，宋元时期的中日海上丝绸之路的交往更多的是民间贸易为主，两国之间的贸易更加进入到了正轨，处于繁荣鼎盛阶段，这与当时的航海技术和造船技术的成熟是分不开的，特别是宋朝时期宋朝的货币甚至成为可以在中日贸易之间自由流通的货币，极大地促进了中日经济往来。这一时期，中日交往的政治性特点显著加强。海上丝绸之路虽然是从贸易角度的通道与交流，但是中日之间的古代交往的过程中受政治的影响较大，大量的交往活动呈现出政治化的倾向。中日双方的贸易关系，在两国的政治关系的影响下，成为两国实现政治目的的有效手段，虽然民间往来也比较密切，但是仍然受着政治政策的影响，海禁政策就对中日的贸易往来产生了制约。古代日本人对汉族和汉王朝的政治亲近感十分明显，即日本人站在汉族一方，把汉族的仇敌夷狄也视为"夷狄"和异端。元朝时，忽必烈意图招谕日本，但是当时的幕府在接到第一次牒文之后（1268 年 2 月）便立即准备加强武装准备，自一开始就做好了战斗准备，元朝多次征战日本失败后，元日之间也未能实现真正的邦交。在此影响下，虽然当时的元日之间有着微弱的民间外交，但是在强大的政治压力之下，这种交流十分微弱。元朝掌管贸易的市舶司的官吏始终提防着日本人，而日本幕府也随时警惕元军是否会再次卷土重来。政治关系的对立，导致仅有的部分民间贸易中的日本商人受到歧视，被

---

① 转引自藤家礼之助：《中日交流两千年》，章林译，北京：北京联合出版公司，2019 年，第 152 页。

② 历史上的"山丹贸易"是指 18 世纪中期到 19 世纪中期，由山丹人在山丹地区和库页岛进行的以貂皮、丝绵织物为主要商品的贸易活动。

征收不合理的关税，进一步造成了情感上的对立。

4. 衰落阶段：明清时期

明代前期，明政府实施勘合贸易政策即明朝政府规定了定期与外国进行贸易的时间和地点，并禁止中国人与外番往来。到明中期，中日勘合贸易开始衰落，在丰厚利润的驱使下，一些"海寇商人"主导的走私贸易逐渐兴盛起来，同时也带动了一些走私贸易港口。明朝的倭寇和朝鲜之战，可以说在长达两千年的中日交流史上，是较为紧张的一段，尽管背后依然延续着部分的文化和经济方面的交流。德川家康是为中国船只能够再次来航付出巨大努力的，"他的目的在于恢复勘合贸易。他或通过明朝商人，或以琉球王、朝鲜为中介，频繁的劝说明朝，但最终均未成功。"① 在明朝的海禁时期，中日两国的贸易方式已经发生了部分变化，贸易路线开始经由东南亚的中转，特别是西方的荷兰、葡萄牙等早期的海上强国开始介入到相关的贸易当中。这一时期的贸易货物也更加多种多样，主要包括纺织品、书籍古画、茶叶、铜铁器、瓷器、香料、药材等。清朝时期，仅在"山丹贸易"当中的丝织品，就包括"乌绫类的旗袍（蟒纹或者龙纹）、缎袍、缎衣、棉线、棉缝线、棉花、帽子、带子、包头以及各类皮毛、东珠等等种类"②。

日本的江户锁国时期，幕府严禁日本人出国，偷渡出国者以死罪惩处，因此日本人的外出交流被迫中断，这也导致中日之间的贸易和文化交流的主要承担者成了清朝的商人。通过中国的商船，两国实现了交流与沟通，特别是清朝商船带来的书籍，实现了中国文化在日本再次的传播与发展。日本政府先后提出限制双方贸易往来的"限额贸易"和"正德令"，两国贸易往来受到严重制约，随之是中日古代海上丝绸之路逐渐没落。

明清时期的中日往来，是曲折前进中走向衰落的过程。频繁的海禁政策导致两国的贸易环境极端恶劣，不得已转向走私贸易和中介贸易，短暂的海禁开放后有一定的自由贸易的发展，但是后来的中国清朝已经处于封建社会的末端，在国际社会中处于弱势地位，往日在对日贸易中的主动地位已经丧

---

① 藤家礼之助：《中日交流两千年》，章林译，北京：北京联合出版公司，2019 年，第 206 页。

② 陈永亮：《"东北亚陆海丝绸之路"：基于历史和现实的探讨》，载《满族研究》，2015 年第 4 期，第 18 页。

失，羸弱的综合国力也难以维系海上丝绸之路的发展。明清时期的中日往来，双向性的特点极为明显，这一时期的日本经过多次改革与革新，综合国力日益强盛，而中国处于封建社会的衰落阶段，在中日交往的过程中日本影响中国的因素更加明显。中日之间的交往"回流"的趋势明显。

二、古代海上丝绸之路视域下中日交往的价值

1. 古代海上丝绸之路视域下的中日交往促进了中日的贸易交流

古代中日的友好交往是中日贸易往来的重要保障，对两国的经济交流和贸易发展起到了重要的促进作用。在中日交往的过程中，双方的贸易也在不断地发展进步，从贸易的载体来看，经历了由大陆移民到商人、商人集团的积极转变。在先秦时期，主要的贸易载体是部分因战争等因素而前往海外的大陆移民。到了隋唐时期，双方的实力都有了一定的增强，开始发展为小规模的商人交流与联系。到了后期，由于航海技术的进步与经济实力的增强，出现了大规模的商人集团和单纯以商品贸易为主要目的的经营活动。贸易的交流直接推动了经济的发展，刺激了两国金属货币的早期流通，贸易税收成为彼此的重要财政收入之一。发达的贸易交流又进一步促进了冶金业、丝织业、制瓷业、印刷业、造船业等相关行业的发展与进步，推动了城市商业的规模扩大与结构升级。中日双方生产的主要贸易商品，不仅在各自国内畅销，而且大规模地销往海外，相关的朝鲜半岛和东南亚国家也深受影响，不仅拓宽了贸易的交往渠道和商品流通渠道，同时也为相关产业的进一步扩大发展提供了资金。

2. 古代海上丝绸之路视域下的中日交往促进了中日的文化交融

"海上丝绸之路对中国与朝鲜、日本的政治交往和经济文化交流所发挥的作用不可低估，甚至能够认为在 11 世纪后半叶之前，中国与朝鲜、日本之间的交往，主要依靠以山东半岛沿海地区为起点的东方海上丝绸之路。"[①]中日两千多年的交往历史中，不仅是象征物质文明成果的物质产品的交流与交往，更有深层次的蕴含着价值观层面的精神文化的交融。极大地促进了两

---

① 蔡凤林：《丝绸之路对日本文化形成的历史影响》，载《日本问题研究》，2017 年第 6 期，第 38 页。

国人民物质生活和精神生活水平的提高，促进了中日文化的交融。大量的中国文化典籍通过海上丝绸之路被运往日本，对日本产生了重大影响。首先，促进了日本古代社会制度的建设。隋唐时期中央集权的封建国家模式为日本的大化改新提供了参考与借鉴，日本仿照隋唐的制度建立了官制。《论语》等儒家经典成为古代日本知识分子的必读书目，日本逐步接受了中国的儒家思想和汉传佛教的影响，并且逐步对其社会进行了相应的改革，甚至在模仿汉字的基础上创造了日文。日本的宗教、书法、建筑、音乐、舞蹈等等，都深深地被中国文化所影响。中国文化作为母体文化传入日本以后，日本在进行充分的吸收、发展和改造之后，创造出了独具特色的日本文化，成为受中国文化影响的典范和最佳证明。

3. 古代海上丝绸之路视域下的中日交往促进了中日的国力发展

通过海上丝绸之路的交往，中日两国之间开始了广泛的交流，这其中就包括种稻技术、金属器铸造技术、养马技术、丝织技术、制瓷技术、印刷技术以及漆艺技术等，这对于中日双方的经济发展和国力的增强产生了巨大的推动作用。在整个古代中日交往的过程中，中国的先进技术和产品不断地进入到日本，对日本的生产力发展与生产关系变革起到了重要作用，推动了日本社会的文明进程。"除了中国或由中国受西方影响制成的物品传到了日本外，还有一些属于西方的东西经过中国，传到了日本。"[1]日本民族的民族特质又使得日本在学习的同时进一步加以改进和创新，从而很快在某些领域对中国实现了超越，又开始"反哺"中国，这对中国的经济社会也产生了影响。仅从财政实力来看，宋代到明清时期，中国的铜钱大量地流入到日本，维护了日本的经济社会发展，增强了幕府的财政收入。镰仓幕府和室町幕府时期的日本，是武家政治兴起、战乱频繁之时，幕府的政治和经济实力不断地衰退，铸造货币的重要能力难以发挥。中国铜钱的大量涌入，缓解了幕府的财政危机，弥补了国库的亏空，使得幕府的财政困难得到缓解，对增强国力、维护统治起到了重要作用。

---

① 侯灿：《略论东丝绸之路与日本九州》，载《新疆师范大学学报（哲社版）》，1995年第 2 期，第 4 页。

4. 古代海上丝绸之路视域下的中日交往促进了中日的当代往来

中日双方交往的历史经验表明，中日两国在冲突紧张时期，双方很难实现正常的交往与交流，不可能实现贸易的可持续发展。这带给当今的中日关系以重要的启示和借鉴：发展好当代的中日关系，必须要求同存异、共同发展，"一带一路"倡议为新时期的中日合作提供了新的模式与平台。在中日两千多年的交往历史过程中，双边多方面的交流总体上维护了中日关系的稳定发展。中日两国同属于传统的东亚文化圈之中，高度相似的文化使得彼此具有较高的文化认同感，这成为当代中日往来的重要利好因素。同时也要看到，中日两国在当代的交往中也必然会产生摩擦和冲突，这是不可避免的。但是，不能因为摩擦和冲突就放弃彼此的合作。中日两国要以史为鉴，通过"一带一路"倡议深化两国的战略互惠，建立起两国长期稳定的对话交流机制，通过对话协商的方式解决相关的摩擦与冲突，从而真正实现中日以史为鉴、面向未来的友好关系，实现中日关系在新时代的新发展。

三、结语

作为丝绸之路的重要组成部分，海上丝绸之路在中日的交往过程中发挥了重要作用，是中日两国经贸往来和文化交流的重要渠道，在增进中日贸易伙伴和国家关系中发挥了重要的作用。在经历了秦汉魏晋南北朝时期的奠基阶段、隋唐时期的发展阶段、宋元时期的鼎盛阶段以及明清时期的衰落阶段之后，古代丝绸之路中的中日交往也具有较强的历史与现实价值，中日的贸易交流、文化交融、国力发展以及当代往来都起到了重要的推动作用。当今中日的交往与交流，也必将会在古代中日交往的基础上，进一步夯实双方的友好合作基础，从而实现双边关系的当代发展。

参考文献

［1］蔡凤林．丝绸之路对日本文化形成的历史影响［J］．日本问题研究，2017（6）．

［2］陈永亮．"东北亚陆海丝绸之路"：基于历史和现实的探讨［J］．满族研究，2015（4）．

[3] 傅朗云．东北亚丝绸之路历史纲要 [M]．长春：吉林文史出版社，1999．

[4] 郝名，马诗华．宁波与日本"海上丝绸之路"遗迹调查 [J]．智富时代，2017（6）．

[5] 侯灿．略论东丝绸之路与日本九州 [J]．新疆师范大学学报（哲社版），1995（2）．

[6] 黎跃进．"丝绸之路"与中日文学、文化交流 [J]．东方丛刊，2018（2）．

[7] 马越．隋唐时期扬州佛教文化沿海上丝绸之路的传播 [J]．文化学刊，2019（3）．

[8] 藤家礼之助．中日交流两千年 [M]．章林，译．北京：北京联合出版公司，2019．

[9] 王禹浪，王天姿，王俊铮．东北亚古代丝绸之路初步研究 [J]．黑河学院学报，2019（10）．

[10] 徐波．古代东北亚丝绸之路的缘起、特点及现实意义 [J]．中国周边外交学刊，2017（2）．

[11] 张云樵，孙金花．魏晋南北朝时期中日文化交流 [J]．社会科学辑刊，1993（1）．

[12] 张忠．东方丝绸之路的辽东路线 [J]．辽宁丝绸，2016（4）．

[13] 赵鸣．海上丝绸之路与徐福东渡的意义 [J]．大陆桥视野，2019（11）．

[14] 周明军．徐福东渡与海上丝绸之路 [J]．大陆桥视野，2019（12）．

[15] 朱亚非．早期北方海上丝绸之路与徐福东渡 [J]．大陆桥视野，2019（10）．

吴朴推崇丘濬由来及其南海海道书写

刘　涛①

【内容提要】围绕吴朴著作提出的海洋主张，揭示其思想来源，分析其原因与影响。针对吴朴南海海道书写，还原其文本书写的过程，分析其成因。针对吴朴生平事迹的不同记载，再现其文本生成与演变的历史情境。从中发现，万历癸丑《漳州府志》最早对吴朴盖棺论定，《闽书》始为吴朴立传。吴朴的宗师是邵锐，与阳明后学讲论，深受丘濬《大学衍义补》的海洋观影响，获林希元认可，因海洋主张被下漳州府狱，《龙飞纪略》所载南海海道采自《渡海方程》。

【关键词】吴朴；丘濬；《龙飞纪略》；《渡海方程》；海道

目前，学术界关于吴朴研究虽有述及，仍存在文献搜集不够、文本分析不足的问题。陈自强《论吴朴的海洋意识》一文未从吴朴与丘濬的家世出发，分析吴朴关注丘濬及其著作、传承并发展丘濬海洋观的原因；未发现万历癸丑《漳州府志》已载吴朴所下为漳州府狱，误以为吴朴在诏安县狱完成《龙飞纪略》[2]。陈自强《论吴朴及其〈龙飞纪略〉》一文推论已佚万历三十三年（1605）《漳浦县志》与崇祯十年丁丑（1637）《诏安县志》是较早记载吴朴生平事迹的地方志，实不可考，未发现万历癸丑（1613）《漳州府志》已载吴朴生平事迹；未揭示由于漳浦是吴朴的最初入泮地及其改名地，促使康熙《漳浦县志》为吴朴立传，未指出"吴朴"实则其庠生名；未考证吴朴的科举考试宗师，未分析吴朴下狱原因及举报、抓捕、审讯吴朴者；未还原

---

① 作者简介：刘涛，肇庆学院经济社会与历史文化研究院（乡村振兴研究院）历史文化研究员、龙岩学院闽台客家研究院研究员，研究方向为历史人类学、海洋史。
② 陈自强：《论吴朴的海洋意识》，载《漳州师范学院学报（哲学社会科学版）》，2008 年第 3 期。

吴朴所撰《龙飞纪略》《渡海方程》的书名演变过程①。郑礼炬《〈龙飞纪略〉作者考实》一文未提万历元年《漳州府志》将《龙飞纪略》列为引用书目，未提万历癸丑《漳州府志》曾考察吴朴著作的流传情况②。陈佳荣、朱鉴秋《〈渡海方程〉辑注》一书关于董穀《碧里杂存》自述得见《渡海方程》时间"癸丑岁"所指，将刘铭恕《郑和航海事迹之再探》一文所谓万历四十一年癸丑（1613）与陈佳荣《〈顺风相送〉作者及完成年代新考》一文所谓嘉靖三十二年癸丑（1553）二说并存，让人莫衷一是；未指出田汝康《〈渡海方程〉——中国第一本刻印的水路簿》一文所引康熙《诏安县志》修纂时间康熙十六年（1677）实则有误，所谓康熙《漳浦县志》作者"陈汝成"实则"陈汝咸"笔误；认为吴朴遭诬陷入狱，却未考证吴朴入狱的具体原因③。沈国辉、吴晓山、吴洁宜《位卑未敢忘忧国——回望明筹海学者吴朴的前世今生》一文所谓推测民间文献《上陈祝文》作者"士菓"是吴朴的乳名，实则缺乏史志佐证；所谓吴朴被其裔孙称作"秀才公"，却与明代有功名者入狱前将被革除功名的史实不符④。

鉴于此，本文搜集实录、地方志、文集等史料，通过考证吴朴生平事迹的史料来源与史实问题，还原其文本书写过程，分析成因与影响；进而再现吴朴下狱的历史情境，分析原因；最终揭示吴朴海洋主张的思想来源、心系南海的原因。

一、吴朴关注南海

吴朴生平事迹有两个史料来源，一是林希元《龙飞纪录序》，一是万历癸丑《漳州府志》。

林希元"嘉靖甲辰季秋之朔"⑤所作《龙飞纪录序》载：

---

① 陈自强：《论吴朴及其〈龙飞纪略〉》，载《闽台文化交流》，2008 年第 4 期。

② 郑礼炬：《〈龙飞纪略〉作者考实》，载《文献》，2012 年第 3 期。

③ 陈佳荣、朱鉴秋编著：《渡海方程辑注》，上海：中西书局，2013 年，第 254、320—321、268—269、367 页。

④ 沈国辉、吴晓山、吴洁宜：《位卑未敢忘忧国——回望明筹海学者吴朴的前世今生》，载《闽南日报》，2021 年 7 月 21 日，网址 https://baijiahao.baidu.com/s?id=17058439 43056802573&wfr=spider&for=pc，笔者于 2023 年 7 月 23 日下载。

⑤〔明〕吴朴撰：《龙飞纪略》卷首《序》，中国国家图书馆藏，善本书号：00932，

华甫名朴，性善记，书过目辄不忘，于天文地理、古今事变、四夷山川
道路远近险易，无不在其胸中。所著有《医齿问难》《乐器》《渡海方程》
《九边图本》诸书，又校补《三国志》。①

林希元文集目录与正文标题均作"龙飞纪录序"②。陈胪声"乾隆壬申
年孟冬"③所作《林次崖先生文集序》载："万历间，李侯晦美、邑前辈虚台
蔡公尝搜罗雠校而刻之，屡经兵燹，旧版无存。予假归在籍，与同志遍觅刻
本完书而不可得。间岁乃得录本于其家，复转觅他本而始全，因而论次编
录"④，"万历间"指蔡献臣所撰《林次崖先生文集原序》落款"万历壬子夏
五月朔"⑤，即万历四十年壬子（1612）刻本，不至于林希元序所载"录"
字均改自"略"字。

万历癸丑《漳州府志》载：

吴朴，诏安人，初名雹。貌不扬，而博洽群书，于天文、方域、黄石、
阴符之秘，无不条析缕解。不修边幅，人以狂目之。督学欲为死义陈教授立
碑，莫详金陵之入为何日。雹详其事，以此补邑庠士，更名朴。嘉靖中，林
希元征安南，辟为参军，机宜多出其谋。以数奇，弗录归。以他事下郡狱，
《龙飞纪略》乃成之狱中者。又有《皇明大事纪》《医齿问难》《渡海风程》
《九边图要》《东南海外诸夷》及《复大宁河套执画》，今多散逸。⑥

该志虽是最早记载吴朴的地方志，却未为之立传，仅述及吴朴生平事
迹。"死义陈教授"指为建文帝殉节的漳州府儒学教授陈思贤，该志披露吴

明嘉靖二十三年（1544）刻本，第1册，第2页b。

①〔明〕林希元撰：《龙飞纪录序》，载〔明〕林希元撰《同安林次崖先生文集》卷
7《序》，四库全书存目丛书编纂委员会编《四库全书存目丛书》集部第75册，济南：
齐鲁书社，1997年，第568页。

②〔明〕林希元撰：《同安林次崖先生文集》卷首《目录》，第419页；〔明〕林希元
撰：《龙飞纪录序》，载〔明〕林希元撰《同安林次崖先生文集》卷7《序》，第567页。

③〔清〕陈胪声撰：《林次崖先生文集序》，载〔明〕林希元撰《同安林次崖先生文
集》卷首《原序》，第414页。

④〔清〕陈胪声撰：《林次崖先生文集序》，载〔明〕林希元撰《同安林次崖先生文
集》卷首《序》，第413—414页。

⑤〔明〕蔡献臣撰：《林次崖先生文集原序》，载〔明〕林希元撰《同安林次崖先生
文集》卷首《序》，第415页。

⑥〔明〕闵梦得修、中国人民政治协商会议福建省漳州市委员会整理：万历癸丑
《漳州府志》卷38《丛谭志》，厦门大学出版社，2012年，下册，第2569—2570页。

朴为林希元征安南出谋划策、《龙飞纪略》写于漳州府狱，曾考察吴朴著作的流传情况。该志所载吴朴著作书名与林希元序记载不同。该志称"渡海风程""九边图要"，林希元序作"渡海方程""九边图本"；该志称"龙飞纪略"，林希元序作"龙飞纪录"，二者均系一字之差。该志所载《皇明大事纪》《东南海外诸夷》《复大宁河套执画》，未见林希元序提及；林希元序所载吴朴著有《乐器》，未见该志记载。

何乔远《闽书》载：

吴朴，字华甫。书过目不忘，天文地理、古今事变、四夷山川道路远近险易，无不在其胸中。所著有《龙飞纪录》，纪太祖、成祖创业继统之事，又有《医齿问难》《乐器》《渡海方程》《九边图本》诸书。[①]

何乔远挚友张燮、林茂桂、戴爆曾参与修纂万历癸丑《漳州府志》，何乔远并未采用该志记载。《闽书》所载"所著有《龙飞纪录》，记太祖、成祖创业继统之事"，采自林希元序所载"《龙飞纪录》何？纪我太祖、成祖创业继统之事也"[②]，却删除吴朴"校补《三国志》"。源于何乔远认为林希元为吴朴著作作序，是第一手资料，而采用该序所载吴朴的表字及书名《龙飞纪录》，并最早为吴朴立传。

康熙《诏安县志》吴朴传[③]主要采用万历癸丑《漳州府志》记载，即使崇祯十年丁丑《诏安县志》为吴朴立传，亦源自较早刊行的万历癸丑《漳州府志》。康熙《诏安县志》称吴朴"字子华"，应根据林希元序所载"吴子华甫"[④]，认为"甫"字是林希元对吴朴的尊称。若"子华"是吴朴的表字，林希元序应写作"子华名朴"，缘何写作"华甫名朴"？"华甫"只能是吴朴的表字。吴朴尊称吴朴应是"子"，即"吴子"，所谓其字"子华"实则误读文献。该志与万历癸丑《漳州府志》比较，删除吴朴"诏安人"，增加吴

①〔明〕何乔远编撰：《闽书》卷 130《英旧志（韦布）·漳州府·诏安县》，福州：福建人民出版社，1995 年，第 5 册，第 3881 页。

②〔明〕林希元撰：《龙飞纪录序》，载〔明〕林希元撰《同安林次崖先生文集》卷 7《序》，第 567 页。

③〔清〕秦炯修：康熙《诏安县志》卷 11《人物志》，中国国家图书馆藏，索取号：地 310.95/32，清康熙三十年（1691）刻本，第 21 页 a—b。

④〔明〕林希元撰：《龙飞纪录序》，载〔明〕林希元撰《同安林次崖先生文集》卷 7《序》，第 567 页。

朴"字子华"，改"狂"为"狂士"，"督学"二字前冠以"时有"，改"详其事"为"上其事"，改"庠士"为"诸生"，改"征安南"为"从征安南"，改"辟为参军"为"辟参军事"，改"下郡狱"为"下狱"，改"又有"为"著书自见"，改"皇明大事纪"为"皇明大事记"，改"渡海风程"为"度海风程"，改"复大宁河套执画"为"复大宁河套诸计画"。

康熙《漳浦县志》吴朴传①主要采自《闽书》记载，仅少"四夷"二字，应因进入清朝统治而删除。

康熙《漳州府志》载：

吴朴，字子华，诏安人。貌不扬，而博洽群书，于天文、方域、黄石、阴符之秘，无不条析缕解。不修边幅，人以狂士目之。嘉靖中，林希元从征安南，辟参军事，机宜多出其谋。安南平，功竟弗及朴。既归，以他事下狱，后乃著书自见，有《龙飞纪略》《皇明大事记》《医齿问难》《度海风程》《九边图要》《东南海外诸夷》及《复大宁河套诸计画》。（续传）②

该志增删康熙《诏安县志》记载：增加"诏安人"，删除"初名雹""时有督学欲为死义陈教授立碑，莫详金陵之入为何日。雹上其事，以此补邑诸生，更名朴"；改"以数奇"为"安南平，功"，改"弗录归"为"竟弗及朴，既归"，改"著书自见"为"后，乃著书自见"，将《龙飞纪略》乃成之狱中者"列入"著书自见"书目。"续传"指该志首次在府志为吴朴立传，该志主纂蔡世远虽是漳浦县人，却因吴朴故里时属诏安县而采用康熙《诏安县志》记载，未采用康熙《漳浦县志》记载。陈元麟"康熙甲午岁仲冬"③撰《漳州府志序》载："搜残编仅得万历癸丑志……而各县所修多疏略，龙溪、南靖并旧志失之"④，"万历癸丑志"指万历癸丑《漳州府志》，"各县所修"包括康熙《诏安县志》。

<hr />

①〔清〕陈汝咸修：康熙《漳浦县志》卷 16《人物志下》，中国国家图书馆藏，索取号：地 310.93/32，清康熙四十七年（1718）刻本，第 5 页 b—6 页 a。

②〔清〕魏荔彤修：康熙《漳州府志》卷 23《人物志三》，中国国家图书馆藏，索取号：地 310.87/132，清康熙五十四年（1715）刻本，第 28 页 b。

③〔清〕陈元麟撰：《漳州府志序》，载〔清〕魏荔彤修康熙《漳州府志》卷首《序》，第 20 页 b。

④〔清〕陈元麟撰：《漳州府志序》，载〔清〕魏荔彤修康熙《漳州府志》卷首《序》，第 19 页 a—b。

乾隆《漳州府志》吴朴传采用康熙《漳州府志》记载①，却将"诏安"误作"绍安"，改"辟参军事，机宜多出其谋"为"辟参机宜，军事多出其谋"，漏载"渡海风程""东南海外诸夷"。该志《纪遗》沿用万历癸丑《漳州府志》所载吴朴生平事迹，改称吴朴"缘他事下郡狱"②，光绪《漳州府志》又沿用乾隆《漳州府志》记载，仅将"绍安人"更正为"诏安人"③。

记载吴朴著作的文集与地方志存在书名不同写法、著作数量繁简不一，源于相关地方志采用的不同史料来源。

二、吴朴因海洋主张而被捕下漳州府狱

吴朴到底因何事下狱？这就要深入考察吴朴的入狱背景。万历癸丑《漳州府志》披露吴朴"下郡狱"，即被下漳州府狱，经漳州府推官审理。吴朴于嘉靖二十年（1541）冬返乡后下狱，至嘉靖二十一年（1542）十月在狱中完成《龙飞纪略》，而后出狱。万历元年《漳州府志》载：嘉靖年间漳州府推官"郭嘉贺，广东海阳人，举人。十七年任"④，其继任"张治道……二十二年任"⑤，郭嘉贺自嘉靖十七年至二十二年（1538—1543）任此职，吴朴案由郭嘉贺审理。

吴朴所犯何罪？既然吴朴所下为府狱，就要从时任漳州知府的宦绩说起。漳州知府"顾四科，浙江钱塘人，嘉靖壬辰进士。十九年任"⑥，林魁《六泉生祠记》载："郡守钱塘六泉顾公莅事之三年，为嘉靖癸卯，述职于

① 〔清〕李维钰、〔清〕双鼎修：乾隆《漳州府志》卷 38《人物志三》，中国国家图书馆藏，索取号：地 310.87/134，清嘉庆十一年（1806）刻本，第 52 页 a—b。

② 〔清〕李维钰、〔清〕双鼎修：乾隆《漳州府志》卷 46《纪遗下》，第 19 页 a。

③ 〔清〕沈定均修：光绪《漳州府志》卷 30《人物志三》，中国国家图书馆藏，索取号：地 310.87/139，清光绪四年（1878）刻本，第 52 页 a—b；〔清〕沈定均修：光绪《漳州府志》卷 49《纪遗中》，第 19 页 a。

④ 〔明〕罗青霄修纂、福建省地方志编纂委员会整理：《漳州府志》卷 3《漳州府·秩官志上》，厦门大学出版社，2010 年，上册，第 114 页。

⑤ 〔明〕罗青霄修纂、福建省地方志编纂委员会整理：《漳州府志》卷 3《漳州府·秩官志上》，上册，第 114 页。

⑥ 〔明〕罗青霄修纂、福建省地方志编纂委员会整理：《漳州府志》卷 3《漳州府·秩官志上》，上册，第 114 页。

朝，吏部拟贰江西宪"①，"六泉顾公"指顾四科，号六泉，"嘉靖癸卯"指
嘉靖二十二年癸卯（1543），顾四科自嘉靖十九年至二十二年癸卯（1540—
1543）任此职，正是吴朴被捕之际。顾四科在漳州任内曾前往朝中述职，获
吏部提拟升任，其中包括抓捕吴朴下狱这一"事功"。顾四科"以儒术饰吏
事……每月受词不过数纸……待士夫有礼，而关节不通"②，其宦绩"下播
士论"③，"不辱一生儒以伤士气"④。顾四科折节相待士子，声名远扬的诏安
县生员吴朴缘何被下漳州府狱？这就要从顾四科另一个宦绩："不起海兵以伤
民命，不籴海粮以累民财，不出官票以透番货，不弛番禁以滋海寇"⑤说起。

吴朴因所撰《渡海方程》及正在撰写的《龙飞纪略》所提海洋主张，与
顾四科"不弛番禁"之举格格不入，从而被捕入狱。吴朴《龙飞纪略·目录
通例》载："国家建立市舶之意，推广先大夫丘濬欲听民贸迁之议也"⑥，丘
濬此议实则吴朴海洋主张的主要思想来源。丘濬此议由以下两部分组成。

其一，丘濬称"然置司而以市兼舶为名，则始于宋焉……元因宋制……
本朝市舶司之名，虽沿其旧，而无抽分之法。惟于浙、闽、广三处置司，以
待海外诸蕃之进贡者，盖用以怀柔远人，实无所利其入也……私通溢出之
患，断不能绝。虽律有明禁，但利之所在，民不畏死。民犯法而罪之，罪之
而又有犯者。乃因之以罪，其应禁之。官吏如此，则吾非徒无其利，而又有
其害焉"⑦。福建在北宋即设置泉州市舶司，泉州又是丘濬的祖籍地，吴朴
与丘濬是闽南同乡，促使吴朴抚今追昔，感慨万千。

①〔明〕林魁撰：《六泉生祠记（节文）》，载〔明〕罗青霄修纂、福建省地方志编纂
委员会整理《漳州府志》卷 11《漳州府·文翰志下》，上册，第 341 页。

②〔明〕罗青霄修纂、福建省地方志编纂委员会整理：《漳州府志》卷 4《漳州
府·秩官志下》，上册，第 166 页。

③〔明〕林魁撰：《六泉生祠记（节文）》，载〔明〕罗青霄修纂、福建省地方志编纂
委员会整理《漳州府志》卷 11《漳州府·文翰志下》，上册，第 341 页。

④〔明〕林魁撰：《六泉生祠记（节文）》，载〔明〕罗青霄修纂、福建省地方志编纂
委员会整理《漳州府志》卷 11《漳州府·文翰志下》，上册，第 342 页。

⑤〔明〕林魁撰：《六泉生祠记（节文）》，载〔明〕罗青霄修纂、福建省地方志编纂
委员会整理《漳州府志》卷 11《漳州府·文翰志下》，上册，第 341—342 页。

⑥〔明〕吴朴撰：《龙飞纪略》卷首《目录通例》，第 1 册，第 7 页 a。

⑦〔明〕丘濬撰：《大学衍义补》卷 25《治国平天下之要·制国用》，中国国家图书
馆，转自东京大学东洋文化研究所，索书号：大木·总类·政论·诸子·45，明正德元
年（1506）刻本，第 12 页 b—13 页 b。

其二，丘濬称"臣考《大明律》，于《户律》有舶商匿货之条，则是本朝固许人泛海为商，不知何时始禁。窃以为当如前代互市之法，庶几置司之名，与事相称……有欲经贩者，俾其先期赴舶司告知，行下所司审堪，果无违碍，许其自陈自造舶舟若干料数，收贩货物若干种数，经行某处等国，于何年月回还，并不敢私带违禁物件"①。丘濬此说激发吴朴觉醒，产生共鸣。

丘濬于"成化二十三年十一月十八日"②上表《大学衍义补》；成化二十三年十一月二十三日丙辰，"升国子监掌监事、礼部右侍郎丘濬为本部尚书，掌詹事府事……濬尝撰《大学衍义补》……上曰：览卿所纂书，考据精详，论述该博，有补政治，朕甚嘉之……其誊副本，下福建书坊刊行"③。丘濬所撰《大学衍义补》备受明孝宗认可，经明孝宗下旨在福建刊行于世，身在福建的吴朴得以"近水楼台先得月"拜读此书。吴朴据此提出"海表圹塞，列壤称君，无虑数十百国。绝不言兵，而许通互市，斯远迩毕至，物货丛集，因而起例抽分，国计日裕，上可以充六军之费，下可以宽民力之征……海道肃清"④。吴朴认为丘濬身居高位，所撰《大学衍义补》又获明孝宗认可，可据此援引该书的海洋观，在其所撰《龙飞纪略》提出海洋主张。

吴朴对其被捕入狱始料未及，否则不可能返回其诏安故里，主要体现在以下三个方面。

其一，吴朴认为诏安地处海洋社会，具有耕海为田的传统，吴朴的海洋主张契合大多数百姓的需求。

其二，吴朴认为顾四科与自己及其推崇的丘濬，分别来自丘濬《大学衍义补》所述设置市舶司的"浙、闽、广"，丘濬故里琼州时属广东。顾四科虽厉行海禁政策，但礼贤下士，不至于治罪具有生员功名的自己。

其三，吴朴认为丘濬《大学衍义补》刊行福建，自己传承并发展该书的

---

① 〔明〕丘濬撰：《大学衍义补》卷 25《治国平天下之要·制国用》，第 13 页 b—14 页 a。

② 〔明〕丘濬撰：《进大学衍义补表》，载〔明〕丘濬撰《大学衍义补》卷首《表》，第 5 页 b。

③ 台湾"中央研究院"历史语言研究所校印：《明孝宗实录》卷 7，载《明实录》第 7 册，台湾"中央研究院"历史语言研究所，1962 年，第 134—135 页。

④ 〔明〕吴朴撰：《龙飞纪略》卷首《目录通例》，第 1 册，第 7 页 a。

海洋观，漳州地方官不至于将其"绳之以法"。

吴朴在诏安被捕后被押往漳州审讯入狱，其经过如何？万历元年《漳州府志》载："诏安县……商船浮海酿利，著姓耻于服贾。（前志）"[①]，此"前志"指万历元年《漳州府志》之前所修"嘉靖庚戌"[②]（1550）《漳州府志》。支持"商船浮海酿利"的吴朴为"耻于服贾"的诏安"著姓"所不容，诏安"著姓"认为吴朴海洋主张存在助长社会"货番"风气，据此向诏安知县告发。嘉靖年间诏安知县"尤敷，直隶崑山人，举人。二十年任"[③]，尤敷于嘉靖二十年（1541）到任。时任诏安知县尤敷"新官上任三把火"，坚决落实顾四科"不弛番禁"，即派差役传讯吴朴，上报漳州府，将吴朴押往漳州府。顾四科"历刑部郎中，出知漳州府"[④]，对律令了如指掌，可得心应手将触犯国策、地方政令的吴朴绳之以法，从而促使郭嘉贺秉承顾四科的意图，审判收监吴朴。

吴朴因海洋主张而下狱，并非遭人构陷。吴朴的海洋主张除了体现在其入狱前所撰《渡海方程》外，还体现在正在撰写的《龙飞纪略》中，可谓"证据确凿"。吴朴的海洋主张既与诏安所处海洋社会有关，又深受丘濬海洋观的影响。吴朴的海洋主张，既与明朝海禁政策格格不入，又同厉行海禁的漳州知府顾四科相左，遭到诏安著姓反感，恰逢欲有所作为的诏安知县，最终被捕判刑下狱。

三、吴朴谋划南海海道

吴朴《龙飞纪略》述及南海海道：

自龙溪中经漳浦下抵诏安，海行一日有半……由海南行，自太武经大小柑屿，彭山、大星、东姜、乌猪、七洲、独珠、外罗、交杯、羊屿、大佛灵

---

①〔明〕罗青霄修纂、福建省地方志编纂委员会整理：《漳州府志》卷 29《诏安县·舆地志》，下册，第 1139 页。

②〔明〕谢彬撰：《重修漳州府志序》，载〔明〕罗青霄修纂、福建省地方志编纂委员会整理《漳州府志》卷首《历年志序》，上册，第 1 页。

③〔明〕罗青霄修纂、福建省地方志编纂委员会整理：《漳州府志》卷 29《诏安县·秩官志》，下册，第 1150 页。

④〔明〕罗青霄修纂、福建省地方志编纂委员会整理：《漳州府志》卷 4《漳州府·秩官志下》，上册，第 166 页。

山，前后历漳、潮、惠、广、琼、万、顺化、占城诸处。①

漳州府龙溪、漳浦、诏安三县分别是吴朴的囚禁地、原籍与改名地、故里。"漳""琼"分别指漳州、琼州。

林希元《陈愚见赞庙谟以讨安南疏》载："福建之兵由海道抵伪都，以取福海。广东之兵由海道抵都斋，以取登庸"②，"福建之兵"可经漳州海道前往，"广东之兵"经南海海道前往。

林希元此疏主张实则出自吴朴的谋略，依据有二。

其一，吴朴"尝备考海道"，对"海道"有深入了解，此"海道"包括南海海道。

其二，乾隆《漳州府志》称"诏安吴朴……髫年通星纬"③，吴朴髫龄即通晓天文学，对其认识海洋多有裨益。

吴朴的宗师及其师生二人相遇时间，考证如下。

其一，邵锐是取吴朴入泮的"督学"。万历元年《漳州府志》引"嘉靖志"④载："嘉靖四年，督学副使邵锐仍特祠祀之"⑤，"嘉靖志"指嘉靖《漳州府志》。"督学副使"指福建按察司副使、提调学校。《明世宗实录》载：嘉靖元年十月戊子，"升……江西按察司佥事邵锐为福建按察司副使"⑥；嘉靖五年六月戊辰，"提调学校副使邵锐"⑦。邵锐曾任广东布政使，促使吴朴深入了解南海海道。嘉靖十年（1531）正月壬辰，"广东布政使邵锐"⑧。

其二，吴朴故里诏安县于嘉靖九年十二月二十三日（1531 年 1 月 11 日）由漳浦县析置。《明世宗实录》载：嘉靖九年十二月"己卯，添设福建

---

①〔明〕吴朴撰：《龙飞纪略》卷 2《癸卯》，第 2 册，第 55 页 b。

②〔明〕林希元撰：《陈愚见赞庙谟以讨安南疏》，载〔明〕林希元撰《同安林次崖先生文集》卷 4《疏》，第 504 页。

③〔清〕李维钰、〔清〕双鼎修：乾隆《漳州府志》卷 45《纪遗下》，第 25 页 b。

④〔明〕罗青霄修纂、福建省地方志编纂委员会整理：《漳州府志》卷 4《漳州府·秩官志下》，上册，第 169 页。

⑤〔明〕罗青霄修纂、福建省地方志编纂委员会整理：《漳州府志》卷 4《漳州府·秩官志下》，上册，第 169 页。

⑥ 台湾"中央研究院"历史语言研究所校印：《明世宗实录》卷 19，载《明实录》第 9 册，台湾"中央研究院"历史语言研究所，1962 年，第 565 页。

⑦ 台湾"中央研究院"历史语言研究所校印：《明世宗实录》卷 65，第 1498 页。

⑧ 台湾"中央研究院"历史语言研究所校印：《明世宗实录》卷 121，第 2893 页。

诏安县"①。万历元年《漳州府志》载："议割漳浦二、三、四、五都为县遵制，名曰诏安，属漳州府"②。陆完《学田记》载："宪副邵公之督学闽中也，造就学者以行义为先，其或未备，文辞虽优不在所取……嘉靖甲申，公阅材于漳，谓漳浦学生林贲……擢居首列"③，"宪副邵公"指邵锐，"漳"指漳州，"漳浦学生"指漳浦县儒学生员。邵锐《陈公祠记》载："日备乏，使来视漳学，咨及士庶，始发厥隐"④，"庶"指其时尚未入泮的吴朴。吴朴于嘉靖三年甲申（1524）因向邵锐提供所需史料，而获补漳浦县儒学生员，取庠生名"吴朴"。

吴朴自嘉靖五年至二十一年壬寅（1526—1542）撰《龙飞纪略》。万历元年《漳州府志》引用"嘉靖志"⑤载：黄直"署长泰县……每朔望莅学与诸生讲论，日中乃退……如在漳浦时"⑥，"嘉靖志"指嘉靖《漳州府志》。黄直署任漳浦知县，每月朔望与漳浦"诸生"讲论，此"诸生"应包括吴朴。

吴朴由于王守仁缘故而与林希元订交，理由有三。

其一，林希元《朱文公祠堂记》载："岁嘉靖丙戌夏，尹缺，郡宪黄子以方视篆至"⑦，"嘉靖丙戌"指嘉靖五年丙戌（1526），"郡宪"指漳州府推官，"黄子"指"黄子讳直"⑧。漳浦县朱文公祠"嘉靖五年，推官黄直

① 台湾"中央研究院"历史语言研究所校印：《明世宗实录》卷120，第2871页。
② 〔明〕罗青霄修纂、福建省地方志编纂委员会整理：《漳州府志》卷 29《诏安县·舆地志》，下册，第1138页。
③ 〔明〕陆完撰：《学田记》，载〔明〕罗青霄修纂、福建省地方志编纂委员会整理《漳州府志》卷20《漳浦县下·文翰志》，下册，第740页。
④ 〔明〕罗青霄修纂、福建省地方志编纂委员会整理：《漳州府志》卷 11《漳州府·文翰志下》，上册，第333页。
⑤ 〔明〕罗青霄修纂、福建省地方志编纂委员会整理：《漳州府志》卷 4《漳州府·秩官志下》，上册，第168页。
⑥ 〔明〕罗青霄修纂、福建省地方志编纂委员会整理：《漳州府志》卷 4《漳州府·秩官志下》，上册，第168页。
⑦ 〔明〕林希元撰：《朱文公祠堂记》，载〔明〕罗青霄修纂、福建省地方志编纂委员会整理《漳州府志》卷20《漳浦县下·文翰志》，下册，第742页。
⑧ 〔明〕林希元撰：《朱文公祠堂记》，载〔明〕罗青霄修纂、福建省地方志编纂委员会整理：《漳州府志》卷20《漳浦县下·文翰志》，下册，第743页。

建"①。吴朴其时是漳浦县儒学生员，得知林希元其名。

其二，"诏安县儒学……嘉靖十年，通判陈贤建"②，吴朴在嘉靖十年（1531）由于是诏安人而从漳浦县儒学被划入新设诏安县儒学。诏安首任知县"何春……嘉靖十年任。春尝师事王阳明先生……政暇诣明伦堂与诸生讲论，示以为学趋向"③，此"诸生"应包括吴朴。

其三，林希元与王守仁有交，吴朴曾先后受教于王守仁高足黄直、何春。

万历元年《漳州府志》所载元末漳州路总管罗良传"按：《吴朴纪略》又云"④，"吴朴纪略"点校应改作"吴朴《纪略》又云"。元末漳州路同知陈君用传"又详考吴君朴《纪略》，既次于篇，又因而详论之如此云"⑤。明初漳州府通判王祎传引用"吴氏朴曰"⑥，"吴氏朴"即吴朴，其所云"子充"指"王祎，字子充"⑦。王祎漳州任上有诗"番船收港少"⑧，述及明初漳州海外贸易情况，促使吴朴关注王祎。

万历元年《漳州府志》将"《龙飞纪略》"⑨列为"修志引用书目"⑩，原

---

① 〔明〕罗青霄修纂、福建省地方志编纂委员会整理：《漳州府志》卷 19《漳浦县上·规制志》，上册，第 641 页。

② 〔明〕罗青霄修纂、福建省地方志编纂委员会整理：《漳州府志》卷 29《诏安县·规制志》，下册，第 1145 页。

③ 〔明〕罗青霄修纂、福建省地方志编纂委员会整理：《漳州府志》卷 29《诏安县·规制志》，下册，第 1153 页。

④ 〔明〕罗青霄修纂、福建省地方志编纂委员会整理：《漳州府志》卷 4《漳州府·秩官志下》，上册，第 160 页。

⑤ 〔明〕罗青霄修纂、福建省地方志编纂委员会整理：《漳州府志》卷 4《漳州府·秩官志下》，上册，第 162 页。

⑥ 〔明〕罗青霄修纂、福建省地方志编纂委员会整理：《漳州府志》卷 4《漳州府·秩官志下》，上册，第 168 页。

⑦ 〔明〕罗青霄修纂、福建省地方志编纂委员会整理：《漳州府志》卷 4《漳州府·秩官志下》，上册，第 167 页。

⑧ 〔明〕王祎撰：《清漳十咏》其四，载〔明〕陈洪谟修、中国人民政治协商会议福建省漳州市委员会整理正德《大明漳州府志》卷 17《礼纪·艺文志》，下册，第 1033 页。

⑨ 〔明〕罗青霄修纂、福建省地方志编纂委员会整理：《漳州府志》卷首《修志引用书目》，上册，第 31 页。

⑩ 〔明〕罗青霄修纂、福建省地方志编纂委员会整理：《漳州府志》卷首《修志引用

因有二。

其一，该志所载律令、词讼、赎刑、赦宥等四个部分引用"丘文庄曰""丘文庄公曰"①，源于"隆庆五年，本府知府罗青霄到任之初，刊刻《大诰》三编，俾民间习读。盖仿此意而为之"②，"丘文庄"指丘濬，谥号文庄。罗青霄是该志"总纂"③，任内推崇丘濬的刑法论述，有利于该志引用吴朴《龙飞纪略》记载。

其二，曾与吴朴讲论的黄直、何春获万历元年《漳州府志》立传，师从阳明后学的吴朴由此获载该志，吴朴所撰《龙飞纪略》亦被列为该志的引用书目。

万历元年《漳州府志》既未提《龙飞纪略》的海洋主张，又未为吴朴立传，原因有二。

其一，吴朴因其海洋主张而被捕入狱，导致该志避而不谈吴朴在著作提出的海洋主张。

其二，源于该志为顾四科立传。万历元年《漳州府志》载："今志……增顾四科"④，称其时"民为立生祠"⑤，"六泉生祠"⑥尚在，而不便为吴朴立传。

林希元序称吴朴所著为"龙飞纪录"，万历癸丑《漳州府志》改称"龙飞纪略"，康熙《诏安县志》及康熙、乾隆、光绪《漳州府志》沿此说。《闽书》改采林希元序所称"龙飞纪录"，康熙《漳浦县志》沿此说。《龙飞纪略》应初名"龙飞纪录"，后以"龙飞纪略"刊行于世。

书目》，上册，第31页。

①〔明〕罗青霄修纂、福建省地方志编纂委员会整理：《漳州府志》卷8《漳州府·刑法志》，上册，第254—257、260—261页。

②〔明〕罗青霄修纂、福建省地方志编纂委员会整理：《漳州府志》卷8《漳州府·刑法志》，上册，第255页。

③〔明〕罗青霄修纂、福建省地方志编纂委员会整理：《漳州府志》卷首《重修府志名氏》，上册，第5页。

④〔明〕罗青霄修纂、福建省地方志编纂委员会整理：《漳州府志》卷4《漳州府·秩官志下》，上册，第162页。

⑤〔明〕罗青霄修纂、福建省地方志编纂委员会整理：《漳州府志》卷4《漳州府·秩官志下》，上册，第166页。

⑥〔明〕罗青霄修纂、福建省地方志编纂委员会整理：《漳州府志》卷2《漳州府·规制志》，上册，第62页。

林希元序称吴朴所著为"渡海方程"，董毅《碧里杂存》与《闽书》沿此说，无误。万历癸丑《漳州府志》虽考察吴朴著作流传情况，却误作"渡海风程"；康熙《诏安县志》误作"度海风程"，康熙《漳州府志》沿用康熙《诏安县志》的错误记载，乾隆《漳州府志》沿用万历癸丑《漳州府志》的错误记载。光绪《漳州府志》又沿用乾隆《漳州府志》的错误记载。

四、结语

综上所述，得出以下三点结论。

第一，吴朴生平与著述。吴朴初名雹，字华甫，嘉靖三年甲申（1524）向福建提学副使邵锐提供陈思贤史料，获补漳浦县儒学生员，以庠生名"吴朴"行于世，与知县黄直讲论。吴朴于嘉靖十年（1531）被划入诏安县儒学，与知县何春讲论。吴朴于嘉靖二十年（1541）因海洋主张而违反海禁国策与地方禁令，被逮捕下漳州府狱。吴朴著有《医齿问难》《乐器》《渡海方程》《九边图本》《龙飞纪略》《皇明大事纪》《东南海外诸夷》《复大宁河套执画》及校补《三国志》。

第二，吴朴推崇丘濬的原因及影响。吴朴故里漳浦与诏安同丘濬故里琼州与祖籍地泉州晋江同处海洋社会，促使二人产生共鸣。吴朴的宗师邵锐曾宦游广东，丘濬故里琼州时属广东，促使吴朴关注其宗师宦游地先贤丘濬。林希元为吴朴《龙飞纪略》作序，对《龙飞纪略》推崇丘濬的海洋观有所知，林希元来自朱熹所云"海邑"[①]的泉州府同安县，与丘濬是泉州同乡，亦认同其泉州同乡丘濬的海洋观。

第三，南海文献与历史名人研究，应重点进行文本分析，重建史实。置身于更广阔的时空深入考察，考辨遭到选择性记忆处理与选择性失忆处理内容，并分析其原因与目的。

---

①〔宋〕朱熹撰：《考试感事戏作》，载〔宋〕朱熹撰《晦庵先生朱文公文集·晦庵先生朱文公别集》卷 7《诗》，中国国家图书馆藏，善本书号：A01043，明嘉靖十一年（1832）刻本，第 31 册，第 1 页 b。

海洋民俗与海洋信仰研究

叙事与认同：一百零八兄弟公信仰的谱系化发展①

王小蕾②

【内容提要】一百零八兄弟公（后文简称"兄弟公"或"海神兄弟公"）信仰是发端于西南沙岛礁渔民中的一种类型独特的海神信仰，不仅与这一渔业群体远洋捕捞和跨海作业的生计活动方式有关，还成了维系东南亚琼侨和祖籍地关系的一种象征符号。关于兄弟公的民俗叙事不仅是一个具有内在联系的完整系统；由此形成的文化认同，更使兄弟公信仰拥有了向外扩散的张力，为兄弟公信仰谱系的形成奠定了基础。兄弟公信仰谱系在生成演进的过程中，无疑突出了信仰的整体性与互动性，体现了对民俗叙事的认同在信仰谱系确立的过程中所具有的重要意义。以"叙事与认同"为线索，探讨兄弟公信仰谱系化发展的内在规律，的确是深入推进兄弟公信仰研究的合理视角，能够帮助研究者充分察知其在南海海域空间传播和扩展的特点。

【关键词】一百零八兄弟公信仰；谱系；叙事；认同

兄弟公信仰发端于海南岛前往西南沙岛礁进行远海渔业活动的渔民群体。它不仅是与这一渔业群体的生计方式具有紧密联系的信仰，还成了东南亚琼侨维系与祖籍地关系的象征符号。有关兄弟公的民俗叙事不仅是一个具有内在联系的完整系统，由此形成的文化认同更使这一海神群体信仰拥有了对外扩散的张力，并使之具备了谱系化发展的条件和基础。关于谱系的本意，《说文解字》有云，"谱，从言谱声，籍录也"。③《现代汉语词典》对谱系的解释则是"家谱中的系统"。在西方学界，福柯等人运用"权力-知识-身体"的视角，对谱系学的研究方法进行了充分的解释，将其视为"一种生

① 基金项目：国家社科基金西部项目"南海诸岛渔民群体的信仰文化研究"（17XSH003）。

② 作者简介：王小蕾，1986 年生，海南大学马克思主义学院副教授，博士生导师。

③〔汉〕许慎：《说文解字》，北京：中华书局，1985 年，第 72 页。

命政治的解剖术、一种微观权力的光谱分析、一种现代社会规训权力和治理术的发展史"。①在国内学界，学者则通过民俗谱系探讨民间信仰文化的多元性和关联性，并为之提出了分类标准。比如，田兆元曾将民俗谱系分为四类，即族群谱系、空间谱系、时间谱系和结构形式谱系。②林继富认为，包括信仰在内的民俗谱系包括亲缘谱系、姻缘谱系、语言谱系等。③尽管上述研究为将谱系观念引入民间信仰研究提供了借鉴和参考，然而在笔者看来：谱系观念不限于对其形式的探索，更是对民俗事象生成发展的话语背景、地域及社会关联的关注和思考，从而牵引出信仰的同源性、延续性与一致性。例如，在兄弟公信仰谱系生成、演进的过程中，就凸显出了信仰的整体性与互动性，体现了对民俗叙事的认同在信仰谱系确立的过程中所具有的重要意义。以"叙事与认同"为线索，探讨兄弟公信仰谱系化发展的内在规律，确实是深入推进兄弟公信仰研究的合理视角，能够帮助研究者充分察知其在南海海域空间传播和扩展的特点。

一、兄弟公信仰的民俗叙事及其联系

兄弟公信仰是一个广泛分布于海南岛及西南沙岛礁、东南亚国家和地区的海神群体信仰。它不仅与西南沙岛礁渔民的航海活动及生产生活方式有着紧密的关联，并且也随着兄弟公信仰者的流动呈现出了谱系化发展的趋势。所谓"谱系化发展"是指兄弟公信仰在南海海域空间传播和扩展的过程中形成了兼具互动性与认同性的谱系结构，从信众群体、时间空间、结构形式层面反映了各地兄弟公信仰与海南渔民兄弟公信仰的同源性、延续性与差异性。由于田兆元等人开创的民间信仰谱系研究，多将讨论重心放在信仰发生的源头，追溯其空间扩展及形式演变的动力和机制。谱系学视野下的民间信仰研究则需要做到以下三个方面：一是要追溯民间信仰的根基；二是要研究信仰与信仰者建立关系的逻辑；三是要关注信仰传播过程中的文化要素及其

---

① 汪民安：《文化研究的关键词》，南京：江苏人民出版社，2007 年，第 231 页。
② 田兆元：《民间信仰的谱系观念与研究实践——以东海海岛民间信仰为例》，载《华东师范大学学报（哲学社会科学版）》，2017 年第 3 期。
③ 林继富：《民俗谱系的解释学论纲》，载《湖北民族学院学报（哲学社会科学版）》，2008 年第 2 期。

关联。按照这一研究思路，笔者发现，兄弟公信仰者对这一海神群体信仰的选择和接受，首要就是基于兄弟公信仰的民俗叙事及其内在联系。将这一问题讲清楚，恐怕才是破解兄弟公信仰何以产生、怎样发生、如何发展等问题的关键。

学界一般认为，兄弟公信仰的对象包括"一百零八兄弟公"和"山水二姓五类孤魂"，起源于海南本岛，但不见古代官方正式文献的记载。不过，通过对相关文献及田野资料的分析和研判，笔者还是可以初步判定，这一具有本土化、民俗化色彩的民间海神信仰或许是由华南、东南沿海地区的巫鬼信仰演化而来，理由有二：其一，在西南沙岛礁渔民的祖籍地——闽南地区，到庙里祭奠"好兄弟"的习俗曾经盛行一时。据王荣国调查，福建惠安地区的某些庙宇中曾"集中收藏渔民在海上捕鱼时打捞到的骨头（人骨、鱼骨、兽骨等）。在惠安港墘，看到土地庙旁有一片小坟地，而土地庙中有一年老渔妇正在'卜筊杯'。笔者问她向何神祈求，渔妇告诉笔者，是向'好兄弟'祈求，就是外面坟地埋的从外面飘来的'好兄弟'"；"厦门港的'田头妈'，就是专门安葬这类尸骨的小庙。渔民们同样将海上不幸的罹难者称为'好兄弟'。"[1]

其二，一直以来，南海始终被航海者视为畏途，帆船时代在海上丧命者更是不计其数。比如，《海槎余录》中就有关于"鬼哭滩"的描写，认为漂泊在海洋中的亡魂"极怪异。舟至则没头、只手、独足、短秃鬼百十，争互为群，来赶舟人"。[2]于是，在古代闽粤等地的航海者群体中，也曾经长期流传着"投祭亡魂"的习俗。据《顺风相送》记载，"舶过，用牲粥祭海厉，不则为祟"[3]；"七洲洋，一百二十托水，往回三牲醴粥祭孤，贪西鸟多，贪东鱼多。"[4]《海语》云，"海舶相遇，火长必举火以相物色……此举火而彼

① 王荣国：《海洋神灵：中国海神信仰与社会经济》，南昌：江西教育出版社，2003年，第 41 页。

②〔明〕顾玠：《海槎余录》，收录于许崇灏编《中国南海诸群岛史料汇编》2，台北：学生书局，1975 年，第 148 页。

③〔明〕张燮：《东西洋考》卷 9，收录于许崇灏编《中国南海诸群岛史料汇编》2，第 721 页。

④ 向达注释：《两种海道针经·顺风相送》，北京：中华书局，1961 年，第 51 页。

不应者，知鬼船也。巫乃批发，投掷米抛纸而厌胜之。"[1] 由于受到了上述习俗和宗教文化心理的长期影响，渔民在跨海作业的过程中则开始将灵魂观念和地方文化传统有机结合，并且对传统巫鬼信仰进行了改造和置换，从而创造出了一个极具南海海洋文化特色的海神群体——兄弟公。兄弟公在诞生之初虽为小众祭奠的阴神，然而为了更好地适应大众的信仰需求，以西南沙岛礁渔民为代表的航海群体则根据自身的航海活动经验，以本土化、民间化的叙事形式创作了不同类型的兄弟公传说。特别是当这些以殉难、灵应为主题的民俗叙事由不同人群通过各种媒介进行讲述和传播时，兄弟公信仰也逐步深入民间，成了在南海流传范围较广的航海保护神信仰。关于兄弟公信仰的民俗叙事，有两种主要类型：一是文字叙事；一是口头叙事。关于兄弟公信仰的文字叙事又存在三个流派和分支，主要解释的是兄弟公信仰缘起的过程：

其一，认为兄弟公信仰始于明代。这种说法源于何纪生的《谈西沙群岛古庙遗址》。作者指出，"远在明朝的时候，海南岛有一百零八位渔民兄弟（"兄弟"是渔民间亲切的称呼）到西沙群岛捕鱼生产，遇到海上的贼船，被杀害了，后来又有渔民去西沙群岛，中途忽遭狂风巨浪，十分危急，渔民就祈求那被害的一百零八位渔民兄弟显灵保佑，遇救后，渔民就在永兴岛立庙祭祀。"[2] 它或与海南渔民最早前往西南沙岛礁的时间有关。比如，从目前对西沙群岛庙宇的考古遗址中可以发现，目前西沙群岛中发现的近 20 座古庙中有约三分之一是始建于明末清初，庙宇的类别则以兄弟、孤魂为主。[3]

其二，认为兄弟公信仰始于晚清。民国《文昌县志》中曾有"昭应庙"一条的记载"昭应祠，在县北铺前市，圮。同治年间林凤栖全众建。咸丰元年夏，清澜商船由安南顺化返琼，商民买棹附之。六月十日泊广义孟早港，次晨解缆，值越巡舰员弁觑载丰厚，猝将一百零八人先行割耳，后捆沈渊以邀功利，焚艘献艍。越王将议奖，心忽荡，是夜，王梦见华服多人，喊冤稽

---

① 〔明〕黄衷：《海语》，收录于许崇灏编《中国南海诸岛史料汇编》3，台北：学生书局，1975 年，第 13 页。

② 何纪生：《谈西沙群岛古庙遗址》，载《文物》1976 年第 9 期。韩振华在编纂《我国南海诸岛资料汇编》的时候，将其全文转载。

③ 广东省博物馆等编：《西沙文物：我国南海诸岛之一西沙群岛文物调查》，北京：文物出版社，1975 年，第 25 页。

首，始悉员弁渔货诬良。适有持赃入告，乃严鞫得情，敕奸贪官弁诛陵示众，从兹英灵烈气，往来巨涛、骇浪之中，或飓风黑夜，扶桡操舵，或泅洑沧波，引绳觉路，舟人有求则应，履险如夷，时人比之灵胥，非溢谀也。"①作者称，在文昌铺前港的北边，曾有一座名为"昭应庙"的庙宇，始建于清咸丰元年（1851），庙中供奉和祭奠的对象是从文昌铺前港出发前往越南进行海产交易，最后被越南政府冤杀的渔民。

迄今为止，"兄弟公信仰始于晚清"的说法也是唯一有真实史料加以佐证的。据越南官方史书《大南实录》记载，在嗣德四年（1851）年六月，确有七十六名从海南岛出发前往越南沿海地区进行交易活动的渔民被当地政府捕杀，"［嗣德四年六月］鹏博巡哨掌卫范赤、郎中尊室苔奏言：于南义洋分，遇匪船三艘，射中一艘，沉没一艘，往东走窜一艘，为大炮轰击，匪伙伤毙者多不能对射，率弁兵前来，尽杀约七八十人。拿此船驶抵占屿澳停碇，以在行弁兵得力请赏。帝疑之，命兵部臣勘覆，既而选锋队长陈文侑等首言：本月十八日官船泊施耐汛，有异样船三艘在青屿洋分，赤等追驶，开射该船，并无对射，惟有往东远走耳。追近该船，一艘才放射，便收帆就官船，至三十三人呈船牌，有称原寓承天铺，与尊室苔惯识者，而苔以为奸商，应拿斩。赤应之，遂令杨衢［水师率队］等将船内尽杀［七十六丁］，投弃于海。"②因上述对兄弟公信仰及其起源的解释，与真实的历史事件形成了相互印证的关系。"兄弟公信仰始于晚清"的说法也被大部分学者所采纳。苏尔梦（Claudine Salmon）在分析巴厘岛丹戎地区的华人在追溯兄弟公信仰的源流时就曾经指出，兄弟公实际上是一群来自海南的渔民商人，在驾驶帆船从安南返回中国的途中，在顺化洋面被越南当地官兵杀害，沉尸大海。这些被越南政府冤杀的海南籍渔商的灵魂升天后，便具有了超自然力量。随着时间的推移，兄弟公作为航海保护神的神格不仅愈发鲜明，这一海神群体也同时担负起了乡土保护神的职责。

其三，认为兄弟公信仰无具体年代。琼海地区中流传的兄弟公传说，就没有交代兄弟公信仰产生的具体年代。关于兄弟公的人数及其殉难原因的解

---

① 林带英纂：《民国文昌县志》（上），海口：海南出版社，2003 年，第 65 页。

② 〔日〕松本信广编：《大南实录》第四纪，东京：庆应义塾大学，1951 年，第156 页。

释，也和前面两种说法略有差异。例如，《琼海市文物志》中提到，传说在很久以前，有一只渔船载一百零九位渔民兄弟，在海上被强台风袭击……潆地来了鲨鱼一群，顶住渔船，渔船摇晃不止。有一渔民跳下海中，舍身让鱼吞吃……而一百零八位渔民兄弟终遭其难，葬身海底。于是，我县沿海地区及西沙群岛渔民便修庙以祀之。①

上述说法的内容固然差别很大，但作者们都试图从不同角度回答兄弟公因何殉难的问题，以求凸显这一海神群体信仰与西南沙岛礁渔民的生计方式之间的联系，并揭示了这一海神群体信仰对信仰者的意义。但即便如此，对于这一信仰民俗的持有者——渔民来说，书面化、文字化的叙述显然是比较艰涩难懂的。他们在向同代人和后代讲述关于兄弟公的故事时，则对此进行了理解和消化，形成了有关兄弟公信仰的另一叙事类型——口头叙事。内容则是兄弟公在海上显灵的故事。文昌渔民符用杏提到，有一次，他驾驶的渔船从清澜港开往南沙群岛的时候，途中遭遇大风，船上的东西都翻了。于是船员们在船长的带领下央求"一百零八兄弟公"保佑，在海上漂流了七天七夜，最后船只平安驶向了越南的白马。②笔者在琼海市潭门镇进行田野考察时，当地渔民黄庆河也讲述了这样一个生动传神的故事，"有一次，一条船拉着很多渔民兄弟，在晚上的时候船最危险，于是船上的人就开始祭拜死去的渔民兄弟，就在船要翻的时候，大家突然就感觉到有一股力在把船往上托，有人说，那就是兄弟公在保佑。第二天，天边还是出现了一朵白云，整条船都转危为安了。"③

虽然这些故事的时间、主人公目前都无从考证，但可以肯定的是无论是关于兄弟公信仰何种类型的民俗叙事都是不同时代、不同群体共同书写的，反映了信仰群体在南海不同海域空间下的生活境遇，展现了常年在南海上行船作业的海南渔民不畏艰险、勇闯海洋的精神。尤其是随着信仰者海域活动空间的扩大，有关兄弟公的文字和口头叙事还以海南岛为起点，逐渐经西南沙岛礁流徙至环南海周边的东南亚国家和地区。尽管在讲述兄弟公殉难或显

---

① 何君安编：《琼海市文物志》，广州：中山大学出版社，1988年，第16页。

②《渔民符用杏的口述材料》，收录于韩振华编《我国南海诸岛史料汇编》，第412页。

③ 受访者：黄庆河，85岁，琼海市潭门镇文教村人，系琼海市潭门镇祭兄弟公出海仪式代表性传承人，采访时间：2018年7月16日。

灵的故事时，叙述者都力图将故事的内容和信仰者所在地点和生活境遇相联系，并力图构建成熟的、在地化的叙事形态。但上述民俗叙事自始至终都是以渔民在海上遇险的经历作为叙事主题的。毕竟，"单一母题构成单纯故事，多个母题按照一定序列构成复合故事"，但即便是包含多个母题的符合故事，常有一个母题对故事的构成起核心作用。① 也就是说，兄弟公信仰所在区域的人群对这一海神群体的叙述和回忆虽由多个母题构成，甚至存在诸多变异，然其故事的核心内容仍然是在描述渔民与海洋在不同时空背景下形成的相伴相生、互为支撑的关系。这不仅能使原先作为阴神的兄弟公拥有了扶危济困、乐善好生的神格，更是兄弟公被包括渔民在内不同时代、不同区域、不同类型的信仰者尊敬和崇拜的原因。从这个意义看，对兄弟公传说故事的书写和讲述，的确能使兄弟公民俗叙事的文化元素及其关联性得到充分展现，并充当这一海神群体信仰扩布的社会机制和文化动力。

二、叙事、认同与兄弟庙的多地化分布

关于兄弟公化人成神、在海上扶危济困的民俗叙事固然为这一海神群体注入了超凡入圣的能量，并使之兼具阴神、祖神及航海保护神的多重神格。同时，信仰和叙事之间始终存在着相互作用、互为表里的关系，也为这一海神群体信仰的发展与传承开启了方便之门。毕竟，信仰的发生只是一个文化生命的开始，其能否发育成熟、形成谱系，关键要经历一个演进机制。这一过程是一个相对动态、开放的系统，包含着社会心理需求、灵验证明、空间扩展和时代传承等多个环节。其中的一个重要因素，就是庙宇与祭祀场域的空间扩展。通过对兄弟公信仰传布的过程进行审视和分析，笔者发现，信众对围绕兄弟公信仰的民俗叙事产生的文化认同，是促成祭祀兄弟公的庙宇在南海海域空间呈现多地分布趋势的重要原因。这无疑能使信仰顺利地走向信众的内心深处，并且参与到其日常生活中来，从而与社会结构的各个环节建立互动和联动的关系。

兄弟公民俗叙事的广泛流布，使兄弟庙沿海南岛-南海诸岛-东南亚诸国的逐渐扩展，从而逐步形成海南本岛-西南沙岛礁-南海诸岛三级空间分布的

---

① 刘守华：《汉译佛经故事的类型追踪》，载《西北民族研究》，2011 年第 1 期。

趋势。尽管目前不同区域的兄弟庙有"兄弟庙""孤魂庙""昭应庙"等不同称呼，然而按照通俗的理解，上述命名不同的庙宇指的都是安放兄弟公神牌的地方。在兄弟公传说串联起的不同地点中，都出现了性质规模大小不一的兄弟庙，从而构成了这一海神群体从出生到殉难完整的故事链条。例如，由于在关于兄弟公信仰的文本及口头叙事中都记述了兄弟公从文昌的铺前港或琼东的潭门港出发前往南海跨海作业的经历，并且提到他们的目的地是西南沙岛礁，然而在行船至陵水附近海域时因各种原因而殉难。为了永远铭记兄弟公舍身殉难、护佑航海的功绩，上述区域的渔民皆集资修建了供奉这一海神群体的庙宇，致使后者在海南岛和西南沙岛礁广为分布。

文昌县铺前港和琼东县与乐会县交界的潭门港不仅是海南渔民前往西南沙岛礁跨海作业的始发港，同时也是与兄弟公有关的民俗叙事较早流传的地方。两地皆有与兄弟公信仰有关的遗址和遗迹。如前所述，目前有文字记载的最早的兄弟庙是清咸丰元年（1851）始建于文昌铺前港的"昭应庙"，该庙因年久失修，大约在 20 世纪 20 年代以前就已坍圮。①

潭门港"去府城东南三百五十里，东距溟海，北接会同……东至博鳌港海岸十五里，东北至会同三十里"②，是海南岛东部距离西南沙岛礁最近的渔船始发港，潭门港周边的村镇也就成了兄弟庙分布最为集中的区域。根据笔者对草塘等村渔民的采访，20 世纪 60 年代以前，潭门当地曾有十余座由渔民建成的兄弟庙，大多矗立在海边。由于潭门及其附近沿海地区容易受到台风等自然灾害的强烈破坏，上述兄弟庙多数被摧毁。③目前，潭门镇的兄弟庙都是在 20 世纪 90 年代后重建，其中具有代表性的是盂兰昭应庙与文教兄弟庙。其中，盂兰昭应庙内有两块"万世流芳碑"系盂子园等村王氏等家族及其宗亲修建，年代约在 19 世纪 90 年代。据笔者初步调查，这些捐建者大多从事的是与渔业、海运有关的行业。"一百零九兄弟公"舍身殉难的故事，则在当地脍炙人口，广为流传。④

① 林带英纂：《民国文昌县志》（上），海口：海南出版社，2003 年，第 65 页。

② 〔清〕林子兰等纂：康熙《乐会县志》，海口：海南出版社，2006 年，第 18 页。

③ 被采访人：杨庆富，80 岁，琼海市潭门镇草塘村人，采访时间：2016 年 11 月 14 日。

④ 被采访人：王叔保，56 岁，琼海市潭门镇潭门村人，采访时间：2016 年 11 月 16 日。

除铺前港与潭门港外，兄弟庙在海南岛内多个沿海市镇都广为分布，包括府城、临高、陵水等。由于陵水附近海域不仅是海南渔民前往西南沙岛礁的必经之路，并且也通常被认为是兄弟公遭遇风暴和贼船殉难的地方。因此，在陵水新村港附近，出现了一座规模不小的兄弟庙，庙内设有"清琼崖诸渔翁兄弟公之神位""昭应英烈一百有八公神位"两种牌位，后者的牌位还挂"送兄弟爸"字样的银牌。由于兄弟公在当地人看来是有求必应的，当地依海为生的疍民在出海前，也会精心准备贡品，并将其列为祭祀的对象："拜的神有慈航真人（观音）、玉皇大帝、妈祖、土地公、兄弟阴神。"[1]这也在无形中使兄弟公的信仰群体有所扩大。

在所有关于兄弟公的民俗叙事中，西南沙岛礁及附近海域始终是他们前往南海谋生作业的目的地。从历史上看，海南渔民对西南沙岛礁的开发、经营也一向不是浅尝辄止的。在这一海域空间也出现了多座兄弟庙和孤魂庙。郑资约在《南海诸岛地理志略》中曾经指出，西沙群岛不仅是南海渔业生产的重要补给地，也是海南渔民前往南沙群岛的必经之地。[2]安放兄弟公神牌的孤魂庙集祭祀空间和生活空间为一体，在西沙多个渔民生活、居住的岛屿上皆有分布。根据笔者在上文中的统计，在西沙永乐群岛和宣德群岛出现的近20座庙宇中，安放兄弟公神牌的孤魂庙无疑是数量最多的，总计有5座，占据了庙宇总数的25%以上。上述孤魂庙的位置分别位于永兴岛、甘泉岛、北岛、东岛四个岛屿上，除甘泉岛有2座孤魂庙之外，其余3个岛礁各有1座，见下表：

表1　西沙群岛的兄弟庙

岛名	永兴岛	甘泉岛	北岛	东岛
庙宇数量	1	2	1	1

资料来源：广东省博物馆编：《西沙文物：我国南海诸岛之一西沙群岛文物调查》，北京：文物出版社，1975年，第25页。

在上述5座祭祀兄弟公的庙宇中，以永兴岛孤魂庙的文字记载最为详

---

① 陈进国：《南海诸岛庙宇史迹及其变迁辨析》，载《世界宗教文化》，2015年第2期。

② 郑资约：《南海诸岛地理志略》，北京：商务印书馆，1948年，第65页。

确：1928 年，国民政府开展了对西沙群岛的调查，就获得了部分关于海南渔民在此修建孤魂庙的历史记录。学者们在相关调查报告书中指出，西沙群岛的最大岛屿——永兴岛，"原有海南渔人所建之孤魂庙一所，高阔约六尺，其年代不可考。"① 由此观之，这座孤魂庙修葺的年代最晚应该在 20 世纪 20 年代末以前。1947 年，香港《星岛日报》一篇题为《西沙群岛的真面目》的文章中也曾提到："此辈渔民习惯，一到林岛，必先往祭一百零八兄弟孤魂庙。该庙至今犹存，建筑样式，略如我国普通乡间所见的土地庙无异。庙门有横额匾书'海不扬波'四字。门侧对联上书'兄弟感灵应，孤魂得恩深'字样"；"该庙建筑形式及题额、门联等，已证明林岛远年之前，向为我国渔民捕鱼定居之所。"②

何纪生指出，过去前往西沙群岛和南沙群岛的渔民为数众多，渔船分散停泊在各处岛边。按照惯例，渔民对"兄弟公"的祭祀需要在新登岸的岛上举行，因而登岛立庙的传统在他们中承袭已久。随着时间的推移，这种立庙祭祀兄弟公的风气又扩展到了南沙群岛，由此则造成了兄弟公信仰在南沙群岛的勃兴。③ 尽管据学者考证，南沙北子岛目前现存之孤魂庙祭奠的是在"做海"途中殉难的文昌渔民吴老汉；然而，通过风帆船时代部分老渔民的回忆，也可以看出在南沙作业的渔民中同样有祭祀兄弟公的习俗。由此或可推断出当地渔民在历史上在南沙有淡水的岛屿上建造过类似于西沙群岛的孤魂庙，"在南沙，有人住的地方就有庙。住岛的人，随手盖起，并写下神名。祖辈相传遇难的'一百零八兄弟公'，我出去南沙时就有了。这些庙内往往有一只木牌神位，没有写上具体的名字。传说敬奉祭祀他们，你要到那里捕鱼作业，神就会保佑你平安。"④ 上述习俗的传衍，无疑能和部分关于兄弟公殉难的故事相互呼应，进而体现出渔民对这一海神群体与相关祭祀习俗的接纳同样是基于对民俗叙事的认同，"后来又有渔民去西沙群岛，中途忽遭狂风巨浪，十分危急，渔民就祈求那被害的一百零八位渔民兄弟显灵保

---

① 《1928 年广东地方政府调查西沙群岛报告撮要》，收录于韩振华编《我国南海诸岛史料汇编》，北京：东方出版社，1988 年，第 201 页。

② 《西沙群岛的真面目》，载《星岛日报》，1947 年 1 月 24 日。

③ 何纪生：《谈西沙群岛古庙遗址》，载《文物》，1976 年第 9 期。

④ 《渔民蒙全洲的口述材料》，收录于韩振华编《我国南海诸岛史料汇编》（下），北京：东方出版社，1988 年，第 407 页。

佑，遇救后，渔民就在永兴岛立庙祭祀。"

　　除却与西南沙岛礁渔民跨海作业的过程直接相关的地方出现了兄弟庙外，兄弟公传说在东南亚诸国流布的过程中，其中的叙事情节被附会至当地，同样形成了成熟、在地化的叙事文本。在上述传说流传的地方，兄弟公的信仰者们也修筑了大小不一的兄弟庙。在越南、马来西亚、泰国、印度尼西亚等国家和地区，有海南人的地方就有祭拜兄弟公的信仰活动，因此由这一移民群体修建的兄弟庙或昭应庙也就在东南亚华人的多神信仰空间中占据了一席之地，见表2：

表2　南海周边东南亚国家的兄弟庙

国家	新加坡	印度尼西亚	马来西亚	越南	泰国
庙宇数量	2	2	28	8	3

　　注：统计表中的数字包括专门奉祀兄弟公的昭应庙以及供奉有兄弟公神牌的庙宇。以上数字仅限于笔者所搜集到的资料而言。

　　从上表看，祭祀兄弟公的庙宇总计分布于新加坡、印度尼西亚、马来西亚、泰国、越南这5个国家。新加坡2座、印度尼西亚2座、泰国8座、越南3座，马来西亚则达到了28座。这些庙宇中的供物和碑文也反映出：信仰者最终选择和接纳兄弟公信仰的动因是基于对传说及其内容的认同。不过，由于生活境遇的千差万别，使之对这一海神群体的化人成神的原因形成了不同的感知，由此导致与兄弟公信仰有关的景观以及相关的叙述也呈现出了不同的形态。例如，由于官书和地方文献提到，越南广义省是兄弟公被当地政府官兵冤杀的地方，因此，越南多个地方的海南会馆昭应庙的碑文，都汲取了上述说法，从而形成了地方化了的兄弟公传说：一百零八兄弟公原本是从清澜港出发前往越南顺化做海产生意的渔民，途中被越南巡海官兵杀害。上述渔民殉难后，越南官兵污蔑他们是海盗，之后更将他们的耳朵割掉，领功请赏。"当越王拟赏奖之际，脩然心动手摇，笔落于地，头炫体倦，神昏座中。"故"嗣德王乃令刑部密究其事……于是，杀人夺财之冤案得以大白，罪者判以极刑。"在沉冤得雪后，这些死去的海南渔民也顺理成章幻化为神，扶弱救危显圣海上。当地华侨把这些蒙冤遇难的先辈称为昭应公，并建昭应庙、设昭应殿，以资纪念。①

　　苏尔梦在考察巴厘岛丹戎地区昭应庙修建的动机时则发现，当地琼侨与之叙述的兄弟公殉难故事，明显脱胎自《文昌县志》《大南实录》的记载。他们认为，兄弟公实际上是一群海南籍渔商，在从安南返回中国的途中，在顺化洋面被海警杀害，沉尸大海。这些被越南海警冤杀的海南籍渔商的灵魂升天后，便具有了超自然力量。尽管他们对"兄弟公何以化人成神"的原因看似比较了解，然而印度尼西亚既不是兄弟公的祖籍地，又不是兄弟公殉难的地方。当地信众在为兄弟庙篆刻碑文时只保留了这一海神群体信仰及其传说故事的内核，更多的是融入了他们自己的生活经验，并有意地凸显了其作为航海保护神和地方保护神的双重职能，"尝思盂兰之会，自古已彰，昭应之祠于今为流，助碧海以安澜，无往不利，同华夷而血食，无处不灵。乃此丹戎之地，凡我唐人登舟来贸易，交相叠如蚁聚。今唐人登邀众捐金以建庙，还期聚蚊以成雷。从此庙貌维新，安神灵受以侑。自今香烟勿替，于唐人保而康。河清海晏，利美财丰，长年被泽，四季沾恩，皆于此举权舆焉。"②

　　可见，与兄弟公有关的民俗叙事所到之处，基本上都形成了与之有关的空间和景观，并充满着浓郁的地域文化特色，在现实中也有相应的文化事象成为传说的佐证，代表着信仰者对其文化内涵的认同。于是，在东南亚诸国，凡是兄弟公传说流布的地方，都出现了相应的祭祀空间，这些祭祀空间大多以"昭应庙"命名，并为兄弟公打上了护佑航海、有求必应的文化标签。尽管从一开始，兄弟公只是名不见经传的地方小神，然而在信仰者以及相关民俗叙事的合力推动下，这一海神群体不仅被构建出了完整的神格，并且也完成了本土化与民俗化的进程，成了在南海不同区域地理区间影响颇深的神祇。可以说，兄弟公传说所及之处，就是兄弟庙、孤魂庙和昭应庙的所在。这样一来，祭祀兄弟公的庙宇在南海海域空间的多地化分布，就成了历史的必然。

---

　　① 郑庆杨：《海南海洋信仰》，天涯社区"海南文苑"，2007 年 5 月 29 日。

　　② 苏尔梦：《巴厘岛的海南人：一个鲜为人知的社群》，收录于周伟民编《琼粤地方文献研讨会论文集》，海口：海南出版社，2002 年，第 29 页。

三、兄弟公信仰的谱系关联

关于兄弟公的传说与叙事在其传承与流布的过程中逐渐具有了多样化的形态，并在多地实现了在地化发展。这既催生了上述区域兄弟公信仰的形成，又使许多与之有关的祭祀空间在不同程度上与兄弟公传说有关。以不同版本的兄弟公传说以及围绕其产生的互动与认同为勾连，这一海神群体信仰不仅在海南岛-西南沙岛礁之间形成了确切的谱系关联，同时围绕之形成的谱系关联还实现了在东南亚诸国的架构与扩张。事实上，"民俗的谱系是民俗学对于文化整体性、互动性与结构性认识的重要视角与方法，民俗的谱系包括族群谱系、空间谱系、时间谱系和形式谱系。民间信仰谱系是民俗谱系的子系统，其结构谱系也是有迹可循的。"通常，"海岛一般不是孤立的存在，而是一个岛群系列，这首先就是一个空间谱系"。不但如此，"海岛既是一个孤立空间，又是一个联系站点"；"海岛空间的交流往往是固定的"，岛与岛之间的交流也因为空间的联系性，则会导致空间的相互联系性增加。[①]作为一种典型的海岛民间信仰，兄弟公信仰在南海海域空间中传播的过程中，无疑拥有了一定规模的信众、具有多海岛间流布的特点，具有庙宇建制和相对固定的祭祀组织。同时，无论是庙宇的建立，还是祭祀组织与信众的维系，也都离不开对关于这一海神群体的民俗叙事的认同。这种认同及其建立的过程，事实上正是兄弟公信仰谱系化发展的动力。毕竟，互动性是对谱系中各类关系的描述，主要表现为信仰谱系生成的过程中神话传说、庙宇寺观和族群信众之间的互动之间的互动和往来。特别是对同一种神话传说与民俗叙事的选择和接纳，始终是不同区域兄弟公信仰之间产生谱系关联最持久最根本的动力。

韩振华指出，兄弟公信仰之所以从海南岛流布至西南沙岛礁，并且在西南沙岛礁渔民群体中长期传衍，主要是基于信众对"兄弟公溺于风暴与贼船"这一叙事主题的认同。在从事远航航行和跨海作业的过程中，渔民也将在海上殉难的先人视为自身文化体系中的英雄，并且通过庙宇和祭祀活动对之加以缅怀。如此，矗立在西南沙岛礁的多座"兄弟庙"和"孤魂庙"不仅

---

① 田兆元：《民俗研究的谱系观念与研究实践——以东海海岛信仰为例》，载《华东师范大学学报（哲学社会科学版）》，2017 年第 3 期。

成为海南渔民不畏艰险、勇闯海洋的精神象征，同时也成为海南岛与西南沙岛礁之间的文化纽带。尤其是当渔民来到兄弟庙前祭奠这一海神群体时，无不感念的是其为群体开拓生计的牺牲精神。文昌渔民王安庆在回顾自己在南沙群岛从事渔业生产的经历时，就始终对兄弟公在南海作业途中殉难的故事念念不忘。通过对这一传说故事的详细解释，他也不免会想起在"做海"途中逝去的渔民先辈，并在故事里投注了自身的感恩及缅怀之意，"108 个兄弟中有 72 个孤魂和 36 个兄弟，72 个孤魂是我们渔民先辈在西、南沙下海作业的过程中先后死去的，36 个兄弟则是同在船上先后遇难的。其实，我们渔民先辈在西、南沙死去的何止这些人。"[1] 这种讲故事的方式，不仅拉近了渔民与这一海神群体的距离，并且也使之对兄弟公信仰的热情在无形中提高。因此，以帆船航海和远洋捕捞作为媒介的联动和互动，海南岛-西南沙岛礁之间围绕兄弟公信仰形成的谱系关联也得以生成并长期维系。

除了围绕本土兄弟公信仰形成的谱系关联是基于信众对传说故事的认同外，海外兄弟公信仰及其谱系关联的产生也与传说故事中蕴含的叙述元素密不可分。在"兄弟公被越南政府冤杀"这个版本的传说故事中，越南广义省无疑成了当地信众公认的兄弟公殉难地。正因如此，越南多地的兄弟庙都出现了安置兄弟公灵柩的"昭应塔"。由于在海南本土地方志及越南官方文献的记载中，兄弟公是一群在越南进行交易的中国渔商，因此，其也被当地的海南籍群体视为行业保护神。每年农历六月十四至六月十五日，他们都会为兄弟公举行隆重的祭祀活动，借以缅怀先辈、联络交谊。[2]

尽管印度尼西亚巴厘岛的丹戎地区与传说故事中出现的兄弟公的生命轨迹并未有重叠之处，然而这一海神群体舍生取义、守望相助的精神却令当地信众感念不已。不仅当地的昭应祠常年香火不断，某些民间秘密社团也将兄弟公视为凝聚成员的重要思想文化纽带。苏尔梦指出，在印尼的丹戎贝诺阿，她就在当地的昭应祠中发现了一块刻有"英杨海阁"字样的牌匾，这块牌匾总计列有 35 个捐赠者的姓名，其中有超过 20 个捐赠者是来自海南。与

---

① 《渔民王安庆的口述材料》，收录于韩振华《我国南海诸岛史料汇编》，北京：东方出版社，1988 年，第 416—417 页。

② 吴凤斌：《1977 年西南沙群岛调查研究》，收录于《"人海相依：中国人的海洋世界"第五届国际学术研讨会论文资料集》，2014 年，第 330—331 页。

此同时，这20个姓名又出现在了另一块刻有秘密会社成员姓名的石碑上①。可见，兄弟公的传说、分化以及信仰者对不同版本故事的认同，不仅使这一海神群体信仰打上了鲜明的地域风格及人群烙印，同时也构成了其民俗生活延续和联系的重要纽带。

海内外信仰者基于叙事、认同从而产生的交往与互动，又在原有基础上彰显出兄弟公信仰谱系关联及其形态所具有的丰富性。1990年，琼海市潭门镇孟子园村的"盂兰昭应庙"的重修，不但得到了当地渔民的鼎力支持，原籍潭门，旅居香港、马来西亚、新加坡的兄弟公信仰者，也借助他们建立的乡谊组织主动承担募款的职责。捐献的过程，也多以"南洋再建盂兰昭应庙筹委会成员""马来西亚华侨捐款芳名""新加坡华侨捐款芳名""香港同胞捐款芳名"等名义来进行。在其看来，安放在家乡的神灵不仅能够使之密切同家乡的联系和往来，又提供了一个凝聚乡情与亲情、集体相聚的公共场所。每当通过传说故事联想到他们的祖先筚路蓝缕、开拓南海、拓展生计空间的不凡经历时，他们也总是不免会在亲朋好友的带领下，对兄弟公进行祭拜，并留下一定数额的钱财，祈求自己和家乡的亲友平安顺遂，彼此后会有期。这一联络、交往的过程，无疑成了"维持一个以同乡为基础的小生境，意味着维持与祖籍地之间文化的、社会的、经济的通道"，"正是由于这样一些通道，远在他乡的移民通过实实在在的利益和情感共享，而与自己的老家紧紧相连"②。

四、结语

总之，同海神兄弟公有关的民俗叙事与信众的群体认同、地域认同与文化认同融为一体，从而通过互动的创建，在南海这一特异性的区域地理空间最终形成了具有超区域、跨国界性质的信仰谱系。由于不同区域的信众对关于这一海神群体的民俗叙事的选择和接纳具有差异性，他们围绕兄弟公信仰创建的谱系联系也具有了共同性与多样性并存的特点。所谓共同性，主要是

---

① 苏尔梦：《巴厘岛的海南人：一个鲜为人知的社群》，收录于周伟民编《琼粤地方文献研讨会论文集》，海口：海南出版社，2002年，第29页。
② 孔飞力：《他者中的华人：中国近现代移民史》，南京：江苏人民出版社，2014年，第41页。

指：对兄弟公的精神及其文化内核的承认始终是兄弟公信仰谱系实现扩张的深层致因。所谓差异性，则是说，信仰者的经验及其对与之有关的叙事元素的嵌入和解读，又使兄弟公信仰形成了地方性和区域性的谱系联系。可见，兄弟公信仰谱系生成的线索和灵魂，始终是围绕其生成的叙事与认同关系。发掘兄弟公信仰的整体性及谱系性关联，首当其冲的，也是要将"叙事与认同"这一信仰的核心要素充分地挖掘出来，并假以不同方式及手段彰显其独有的价值和功能。

琼北人口第一大村博养村的祭祀空间[①]

冯建章　石梁平　张　雨[②]

【内容提要】在海南岛海口市广袤的琼北长秀地区五源河 "那甲水" 入海口，有一个人口过万，属于琼北人口第一多的古村落博养村。该村至今语言划一为 "长流话"，属于环海口 "村话" 带的传统文化古村，属于泛南渡江流域古村落 "活化石" 之一。该村高地与大陆最南端古雷州府徐闻县灯楼角 "那黄渡" 隔海相望，仅十几海里距离。该村自古有村民从事渔业生产，不远处的烈楼嘴（港），曾是海南早期移民登陆的首选之地。尽管近代以来，该村属于海南岛向大陆、东南亚、岛内等地 "二次移民" 据点，但至今仍然保持了近万人的规模。该村有 "邝、张、伍" 三大姓，还有十三个小姓。该村集聚了大量的移民信俗现象，在几平方千米的土地上积聚了古老的万天公庙、雷王古庙、帝王庙、德福祠等神灵祭祀空间，以及邝、张、伍氏、大小王、杜、吴等姓氏之祠堂、祖屋等宗（家）族祭祀空间，道、释等宗教祭祀空间也有所呈现。灵性文化是人类众多文化类型中变化最缓慢且最稳定的部分，以博养村为例，整理与解读其祭祀空间，是窥视该村心灵空间秩序的一把钥匙，也是打开中华变迁史、海南文化史和该村迁变史的一把钥匙。在海南自贸港建构的背景下，总览该村文化多样性及在历史长河中延伸嬗变之轨迹，为学界和政府相关部门提出了海洋移民心灵安顿之问题。

【关键词】博养村；祭祀空间；心灵空间；自贸港

虽然海南自贸岛雏形已经呈现，但不可否认，至今海南岛还是一个历史

① 基金项目：海南省社科联基金项目 "海南港口史研究"（课题编号 HNSK(ZC) 23-174）。

② 作者简介：冯建章，1971 年生，河南林州人，三亚学院艺术学院副教授，艺术文化学博士，研究方向为非物质遗产保护。石梁平，1956 年生，海南海口人，著名的媒体人，传统文化、非遗保护力行者。张雨，1976 年生，满族，辽宁抚顺人，高级导游员，传统文化、非遗保护力行者。

文化空间比较神秘的岛屿。海南早期人类史前史只能靠考古学来推断；黎族因没有文字，其历史也是头绪繁杂，有待完善；即便是有文字的汉族，其海南迁移史，在现有的周伟民和唐玲玲合著的《海南通史》等几部海南通史中，给后学也留下了巨大的诠释空间。就海南汉族的移民史而言，学界普遍认为，海南汉族的先祖，先是移居琼北平原，再逐渐二次和多次移居海南各地。自汉武帝元封年设郡，至南朝梁代时再"归附"冯冼，及近现代海南岛开发，"俚人"与"客居"者身份概念不断置换和演化，逐渐形成了"汉人"（客、后来者）居沿海平原，黎（俚）人被同化或迁居中部山区的格局，这是一段漫长的既融合又分化的过程。形成这一格局的原因是海南岛地理之变迁？还是黎汉之争？是黎族生活方式使然？然或多因之果？学界说法颇多。

我们从琼北人口最多的汉族聚居村落博养古村，或许找到这一问题的一些答案。信仰文化是人类文化最核心、最稳定、变迁最为缓慢的文化存在，整理和解读博养村的祭祀空间是窥视海南汉族心灵空间与迁移史，乃至海南人文历史和中华民族发展史的钥匙之一。

一、博养村人文历史概述

在博养十六个族姓的家谱中，常可以见到"少海"二字，这是博养这块土地最早的用名之一。但用"博养"来指代村名，也由来已久。关于"博养"一词，搜求早前文献和谱牒等文字，载录有限，及古物遗存碑记，鳞毛凤角，且多不超过清道光年间。清代《道光琼台府志》中，有"博洋桥，城西四十五里路"，所指正好为该村的位置，这或许是仅有的官方文献记载。此处所载"博洋"与"博养"音近，且早年文献中，用同音字代入册，比比皆是，如载有"卜养""北养"代入之名，非鲜见。"博养"者，在长流语意中，"博"为"口"，"养"为"井"，合之，"博养"原意指"井口"。古时堪舆学，以该村地势走向论，其"东、西、南"向为坡，拥村成"井口"状，河汉滩涂向海而成，一度成为"万亩田洋"的"井口"米仓，能渔能耕人杰物丰所在。"井"蕴含深意，有"吃水不忘挖井人"及"怀乡"之义，或以"博物滋养"释之，乃今人译意。

（一）博养村现状

博养村位于海口市秀英区西秀镇，占地 2.15 平方千米左右，位于海口火车站①之东，"西、北、东"三面离海在几千米内，由河汉滩涂相通。全村现有 2000 余户，户籍人口 9000 多②，含近年迁往外者，高达万人之上。在海口市高速城市化的背景下，村耕地范围渐小，及因近 20 余年来的高等教育扩招，年轻人读书择业，渐迁入城市中，村落常住人口有不可逆转的减少趋势。随着海南自贸港的建设，该村将成为"城中村"。

（二）博养村与烈楼港

博养村是一个由汉族迁岛后多次移民先后聚居发展而来的"村群落"，今为六个联队组合起来的自然村。追溯词源，严格地说汉族是汉朝之后，才逐渐形成的。但汉族的先祖们在先秦已经紧随黎族先祖移民海南岛。海南汉人有记载的历史应该从烈楼港说起。

图 1　烈楼港（张雨摄影）

关于烈楼港（见图 1），在海南史籍中多有记载。《正德琼台志》记载，"烈楼港，在县西北三十里烈楼都。水自五原铺下田涧流出成溪，至此与潮会成港……烈楼觜：在烈楼都海边，大石一，所生出海北三墩，石觜相望，海南地接徐闻，此最近，舟一朝可返"；《海口市志》记载，"汉武帝元封元

年，伏波将军路博德、楼船将军杨仆率兵南下征琼。杨仆率部乘船抵长流之
北后海角登陆""自徐闻渡海，小午可到烈楼港，汉伏波将军也渡海于此"
"杨仆率部乘船抵长流之北后海角登陆，下令焚船背水作战，征服了当地的
骆越人，烈楼名始于此"等等。

　　据博养人说，早于烈楼港，从徐闻渡海南来的先人就在此登陆，长流人
中遗有骆越①人的后裔，今已难分。远古骆越人，从今广西东南部与广东西
南部跨海登岛，这些骆越人主要居住在南渡江流域以及五源河沿岸一带土地
肥沃的琼北地区。据《淮南子·人间训》记载，秦王嬴政发动五十万大军攻
伐岭南，"（秦军）三年不解甲弛弩"，越人"夜攻秦人，伏尸流血数十万"。
此地最早的先民作为骆越人的一支，为避战祸求发展，开始移居海南岛。

（三）长流话与博养村

　　博养村属于长流话方言区。长流话属临高话语系，不是"黎话"，差别
大，具有古越语的成分，与壮语十分接近，属于汉藏语系壮侗（瑶）语族壮
傣语支的一种方言。长流话没有独自的文字，书面表达上用汉字书写。因长
流地处城区（海口）近郊，其方言有别于海府方言（海南话），故称"村
话"。博养村以长流话为通用语言，亦兼通普通话和海南话，新生代博养人
几乎是普通话、海南话与长流话兼用。

　　从以上分析，我们可以得出博养村是由一个沿海渔耕为主村落发展而
来，汉族迁徙和"俚人"归顺交融逐渐形成的内陆古村落。随着大河沿岸泥
沙的淤积，自沿海渔村与内陆农耕结合而积聚成村落，是海南许多"内陆"
性村落主要形成史。

二、博养村的祭祀空间

　　在几平方千米的土地上，博养人"层累"了多种神灵。为了祭祀的需
要，博养人陆续建起多处祭祀空间。历经千百年的沧海桑田，这些祭祀空间
既保持着固有稳定性，还具有对外来移民文化的兼容特性。虽经历了多个朝
代的变革，这些祭祀空间多数得以保存，被摧毁的部分，在"改开"之后又

---

　　① 秦汉时期，广东西部、广西东部和南部及海南的越人称为骆越族。

得以兴复。这些祭祀空间的历史记忆和延续，使得博养村保持了相对完整的信俗文化历史和稳定的心灵空间。

（一）万天公庙

人类宗教基本沿着原始宗教、部族宗教和世界宗教的样式演进。在博养村最大的祭祀空间"万天公庙"（见图 2）里祭祀着该村"神力"最高的神"万天公"。除此之外，该庙还祭祀着被历朝册封的神灵，如懿美皇后天人、港口天妃圣娘，也有演化而来的神灵如火焱将军、蛮雷大将等"七个神偶"（见图 3）。

图 2　博养万天公庙（张雨摄影）

图 3　万天公庙神像（张雨摄影）

万天公是博养村最大的"境主"。早年的博养村是众多"境主"多头供奉，只是在百多年前[①]"万天公"才由村外迁至今天的庙址，逐渐成为全村共同祭祀的"境主神"。万天公祭祀是博养村最大的祭祀年事，是最具有凝聚村族向心的活动，规模超万人。

万天公庙是博养村最大的祭祀空间。万天公庙坐落于博养村村尾，二进四合六天井式建筑，主体建筑面积约 1600 平方米。主要由望亭、山门、拜亭、寝殿、南北厢房等建筑及公庙前祭拜广场大戏台等组成，整体朝向坐东向西。万天公庙山门为高台硬山顶式，面阔三间，进深 15 架檩，左右两侧连接绿瓦红墙廊庑式院墙，院墙外广场有左右对称攒尖式琉璃宝顶望亭两座。（见图 4）该庙对面设有戏台，是全村的文化中心之一。祭祀期间，戏台充分发挥它的娱神功用。

图 4　万天公庙航拍（七仙岭老师提供）

博养古村还设若干祭祀场合。具有"年份"的古庙和宗祠等，大小不一，分布于早年的上村、中村、下村及各族群特定的场合中。于今还遗存"分祭"及"合祭"传统，主要神灵信俗活动和始源，分述如下。

1. 万天公

万天公被尊为博养的境主。诞期为农历五月初四。万天公与雷州半岛的"雷神"相近，据称，该公讲"白话"（粤语），早年祭祀曾邀广东粤戏前来

---

① 万天公神庙，始移建于民国四年（1915 年），后受毁坏，2003 年由村民筹资重建。

娱神。村边坡地属红泥①结构，雷灾与雷州同，或许"雷公"信俗与对岸有"亲源"。但没有文献佐证。

其塑像造型，为盔插雀翎、身披鳞甲、外挂蓝袍、胁生双翅、目鼓如珠、吻突如喙、爪利如鹰；右手操捶斧、左手持楔凿，作欲击之状。

农耕年代，寄望于自然造化，人们祈求风调雨顺，鱼丰谷盛，六畜兴旺，境安人康，自然崇拜莫大于斯所附，成了这方水土祈求共识，博养村至今流传：在外遭遇突发艰险，喊"万天公"名号，公就会化作青鸟扇动蓝羽飞临，化险为夷，灵验无比。

万天"公期"巡公礼俗独特。公期之时，邀请周边富屋村境主"班帅公"及博雅村境主青天公，三村三公会同巡村。传说此三公偶像，为一棵大树"一化为三"雕塑而来，故称这三村境主神灵，是结拜兄弟。其他二村公期巡村，也会请博养万天公同往。"三公"同巡的习俗，强化了博养、富屋和博雅三村的睦邻关系。

万天公期，由村里"四氏族"即邝氏、张氏、伍氏②和各姓合族③轮值张罗。其中邝氏、张氏和伍氏三大族姓人口占博养大半，其他姓氏合为一"大宗祠"姓。除固定的公期外，春节期间也有隆重的万天公祭祀活动等。无论是公期还是春节，每次万天公祭祀结束之后，伍氏族亲还要请万天公"出行"到村外原址旧庙。伍氏④宗族由原村落"大龙地"迁来，此举称"万天公回家"。典礼结束后"回村"时，还要抬公绕村子一圈，才"回庙归位"，年年如此，从不间断。

万天公是今之博养村民唯一共遵的信俗。

---

① 高铁含量土。

② 三大姓人口皆过 2000。

③ 除三大姓外的姓族。

④ 在博养村有一传说，清道光年间，一个姓伍的村民，到河里"推罾"（竹子编成的一种民间古老渔具）捕鱼虾。第一次撑起，捞上来一尊神偶。他不经心地掂起甩向河中。再之却又复得这尊神偶，他生气地甩向远处。第三回撑罾，再是那尊神，鱼虾未收。他觉太神奇，遂对神偶许愿，如有显灵，鱼虾满归，就请回家供奉。果真灵验，他满获而归。他感动于此神佑助，将其请回，早晚高香奉伺，尊为"万天公"。此后越传越神，成为宗族神偶，乃至影响周边村庄和成为村里共奉之"境主之神"，"公"英灵显赫，有求必应，护佑着一方平安，为一境带来福分，村民对"公"感恩戴德。

2. 冼太夫人

冼太夫人，其祭期为农历二月初九。冼太夫人神灵祭祀为海南影响最广泛最大的信俗之一。其与丈夫冯宝公，统一岭南，在隋时归附中原，周总理称其"巾帼英雄第一人"，海南于此期从附。冼太夫人加强了边陲管控，扩大中央政权的影响力，被历代政府册封为冼太夫人、谯国夫人、诚敬夫人、圣母娘娘、郡主夫人、懿美夫人、懿美皇后等尊号。冼夫人诞辰祭祀，是琼北"军坡""军期""装军"祭祀文化组合的重要部分。博养冼太夫人祭期，是琼北军坡文化的一部分。

3. 天妃圣娘

天妃圣娘，其诞期为农历三月二十三。天妃圣娘是自北宋林默娘羽化传说后，被历代朝廷册封的海神，又称港口天妃圣娘、妈祖、婆祖、天后等。天妃圣娘即妈祖，是中国古代神话中救苦救难的靖海女神，其信仰主要分布于天津以南各沿海地区，尤以福建、台湾及海南为盛，目前在世界各地，有四十余国和地区设有其宗庙道场，信众近三亿。从博养村天妃供奉中，可证其为古渔村。

（二）帝王古庙

帝王古庙供奉关圣帝君，诞期为农历五月十三。该庙始建于民国四年（1915 年）。帝王庙位于博养村一联队，主要由高台式山门、拜亭、寝殿所组成，主祀关圣帝君、懿美皇后夫人。面阔三间的山门门额上嵌有雕花石匾，石匾居中阳刻"帝王廟"三字。关圣帝君即关羽，属封盛多，与传统"关圣"文化信仰同源，本村亦称其为"伏魔协天大帝"。关羽被历代所册封，属于中华神仙谱中的重要神灵。懿美皇后夫人即冼太夫人，海南最重要的女神。

（三）雷王古庙

始建于道光二十五年（1845 年），于 2003 年重建，供奉灵山公。灵山公的诞期为农历四月十五。主祀灵山大王、港口圣娘。作为博养村历史最久远的古庙之一，因全村奉祀的境主雷王邓君①曾并祀于此，所以在万天公庙建设时，为溯本清源铭记，历史上的灵山庙改称雷王古庙。雷王古庙由高台廊柱歇山顶式山门、拜亭、寝殿等所组成。2003 年重建，2012 年扩建，庙前有庭院及照壁。（见图 5）

图 5　雷王古庙（张雨摄影）

　　灵山公的来源有多种，有定边大王说②和灵山之神说③等。灵山公也是历朝政府所册封过的神灵。

---

　　① 即万天公。

　　② 据《三教源流搜神大全》记载：宋废帝永光年间，有五盗寇（即杜平、李思、任安、孙立、耿彦正）独霸一方，作乱不止，祸害百姓。景和年间，皇帝遣将张洪捉杀五盗于新封县北。后，此五人阴魂不散，作祟惑众于丧生之地。人畏其患，遂祀奉之，祭之者皆呼其为"五盗将军"。后五人被衍化为盗神，受到祀奉。又有说，五盗将军即为五道将军，据传为东岳大帝手下属神，为阴间之神，掌管世人生死、荣禄，有五道庙祀之。后又有一说，以其为盗神，梦之则不祥，故讹为"五盗将军"。

　　③ 据梁统兴《琼台胜迹记》记载：南北朝时，黑山（现海口灵山镇）盗匪猖獗。陈朝皇帝陈霸先为了荡平贼寇，派出精兵围剿，其中有 6 位将领是结拜的异姓兄弟，但这 6 名将领在剿匪中全部牺牲。以后黑山一带就变成了太平之地，当地百姓认为这是 6 位兄弟将领的护佑之功，于是在黑山上建祠而祀。由于供奉着 6 位壮勇的这座神庙多有灵应，于是，人们就将"黑山"改称"灵山"。从明成化所立的《重建灵山祠记》碑中得知：灵山"六神"在宋元时已被封为"灵山""香山""琼崖""通济""定边"和"班帅"等名号。明太祖朱元璋整顿各地寺庙时，认为"六神"封号太多，亵渎礼仪，很不正规，便统一称号为"灵山之神"。

（四）大宗堂

　　大宗堂是梓潼公的祭祀空间。梓潼公，即文昌帝君之别称，其诞期为农历二月初三。大宗堂为独院一进硬山顶式建筑，面阔三间。锦绣木匾上有清乾隆年间那秫村进士王斗文题写的"大宗堂"匾额，门框楹联为"大栽松柏当庭秀，宗培芝兰入室馨"。宗堂内两柱间有实木雕刻神坛帘架，上有精美的透雕八仙及吉祥图案。浮雕麒麟献瑞的神台上奉祀着"文星高悬昭日月，昌乡盛事著春秋"的梓潼帝君。（见图6）文昌帝君[①]是儒教[②]中的重要神灵。

图6　大宗堂（张雨摄影）

　　大宗堂始建于清朝中叶，由博养村除邝、张、伍三大姓外，余下王、吴、郑、陈、侯、杜、钟、庞、洪、李、谢等十一个小姓氏族合建，取义和"宗"共济，汇聚一堂之意。大宗堂2012年原址重建。

---

　　①《文昌帝君阴骘文》称，文昌帝君曾73次化生人间。据《华阳国志》记载，梓潼神，姓张名恶子，一说名亚子。仕晋，战而死，人们立庙以祭之。后玉皇大帝命其掌管文昌星神之府并主管人间禄籍，梓潼神与文昌星遂合二为一，成为主宰天下文教之神。清代崇奉之风极盛，每至农历二月三日文昌帝君生日，朝廷都派官员前往祠庙祭祀。我村多个宗祠供奉梓潼公，祭拜祝文如下："维神迹著西垣，枢环北极。六匡丽曜，协昌运之光华；累代垂灵，为人文之主宰。扶正久彰，夫感召荐馨，宜致其尊崇。兹届仲（春、秋），用昭时祀，尚其歆格，鉴此精虔。尚飨。"
　　② 在中国传统文化中，与佛道相并列，存在一个以"天帝"和"祖宗神"为核心，有着比较完整的神职人员、道场、经典和信众的儒教。许多学者持这一观点，如杜维明、李申等。

（五）泰华仙妃

泰华仙妃为早期海南地方政府册封过的神灵①。泰华仙妃与冼夫人和妈祖同为海南信众推崇的三位女神灵之一。

（六）福德祠

福德祠祭祀土地公，土地公又称福德②正神，是神话传说中知名度最高的神之一。博养人一般以每月的朔、望两天，即农历初一和十五祭拜土地公。20 世纪 50 年代，本地一些村民还经常挑着酒肉米饭到自家的田园和菜园去祭拜土地神，但 70 年代后这习俗已经消失。本村有大小福德祠多座，统村之祠原在万天公庙后进右侧供奉。2003 年重建万天公庙时，经过商议，把这座土地公移到了万天公庙右前方。再之还于南坡合修造一个大祠，其他小祠多依宗祠或路口散布。

（七）青山神祭台

又称青山社稷神坛。博养村有两座青山祭台③，村头青山社稷神台位于卜沟，村尾青山社稷神台位于尾山。

在古代，府衙会在驻地城池边，筑有土地公庙和青山社稷坛（台）。明代遗留的琼州舆图中就有明确标示。官员多重视其祭祀，祈求一方境土百姓们安居乐业。但有的人口比较众多的村落，也会建有青山社稷神台。其与中华青山"社"（自然山川）与"稷"（五谷农事）祭祀文化一脉相承。也有

---

① 泰华仙妃，原名陈玉英，她和两位弟弟被海南人称作"泰华三仙"。相传，元朝仁宗延佑三年（1316）六月望二日子时，琼山大陈村有女陈玉英诞生。出世当天，彩云满天，祥光照室，遍地芬芳。陈玉英天生不凡，自幼学道，信奉道法。长大之后济世利人，乐善好施。元文宗至顺三年（1332）十月望日辰时，在洗纱处，偕二弟升天，列班泰华山仙职，是为泰华三仙。琼台气属瘴疠，泰华三仙常现，远见女子纺纱，近看火光闪烁，乡人有求必应，神恩浩荡，兴义百里。为表彰仙妃，弘德扬善，琼州知府曾奏请元文宗下旨封泰华仙妃为泰华灵感仙妃。

② 他是一方土地上的守护者，神庙几乎遍布每个村落。土地公本名张福德，为官时清廉正直，体恤民情，一生善事多多，一百零二岁辞世。张福德去世后老百姓对他感恩不忘，于是建庙祭祀，取其名而尊为"福德正神"。

③ 博养村民多认为建村之初就要先立青山神，以求风调雨顺、五谷丰登、子嗣绵延。

"青山神"祭祀之说法，博养村祭祀青山之神，与各地青山神信俗可能同源。随着时代发展，这类祭祀活动，现已不太受关注，村民只是顺带在坛前供香火，作拜行礼，以示恭敬。

本村现存两座古青山台，均由玄武岩石条垒筑为梯形，高方台墙围，台上古树一棵，树下有古碑一方，碑刻阴字"青山社稷神位"，优显古朴沧桑，应为原碑。台正面以青石镌刻"青山"嵌匾，台前设有青石铺祭祀平台及五供。由于台上大树阴森，平时人迹罕至，据村里读书人说，坊间传此台为收孤魂野鬼镇妖辟邪之处，所以村民多告诫孩子们少来此游玩。

(八) 宗族类

本村是以邝、张、伍三姓宗族及十三个小姓合为的"大宗姓"[①]组合的传统大村庄，从祠堂的规模和历史迁徙可见一斑。除祠堂外，无论大姓还是小姓，早年都有祖屋和布局不一的墓地，划分范围，今有许多交叉并存。

1. 祠堂

(1) 邝氏宗祠

始建未详，1980 年重修，2004 年又重建。门联曰：芦山迹宗风远，江水源世泽新。(见图 7、8)

图 7、8　邝氏宗祠内的对联（张雨摄影）

---

① 不含外村、外地嫁来或入赘的新姓氏人员。

（2）张氏宗祠

清康熙五十二年（1713）始建，1984 年重修，2006 年重建（见图 9、10）。门联曰：清河衍派源流承盛代，琼岛钟灵礼乐启贤人。

图 9、10　张氏宗祠外观即内部观览（张雨摄影）

（3）伍氏宗祠

始建未详，2004 年重建。门联曰：忠贤继起歌舜日，孝就移风乐尧天。

（4）郑氏宗祠

二进，清道光十九年（1839）始建，1996 年重建。门联曰：南湖倡学遗风远，北海梭门奕世香。

（5）（大）王氏宗祠

三进，清道光年间始建，2006 年重建。

（6）（小）王氏祠堂

一进。门联曰：三槐衍庆家风古，五汁留名也泽新。

（7）吴氏宗祠

一进，原建不详，1994 年重建。门联曰：祖则子孙绵远长，光祖辉吾族发源。

除以上宗祠外，另外还有杜氏宗祠等，不再赘述。

2. 祖屋

村中姓氏总祠堂及分祠，多没有供奉祖先神位。这有别于海南许多地方，比如澄迈石瞿村的冯氏宗祠、琼海潭门孟子园王氏宗祠等都摆放了历代祖先神位。博养村把祖先神位多供在各自老宅厅堂神龛上。即便是新建钢筋混凝土结构楼房，有些也在厅堂中间依"古制"设有"阁楼神龛"，供奉祖先神位。

3. 墓地

墓者，阴宅也，乃祖宗体魄所藏。"入土为安"也是博养人各族姓的丧葬传统。开村之始，博养各族姓的墓葬应该是积聚的，但随着人口的繁衍，一般也是遵守"五世而迁"的风俗，逐渐散开。博养村的今天，坟茔已经比较散乱。早期的坟茔也不知所踪，除了有个别始祖的坟墓被留下来，比如邝氏渡琼始祖衣冠坟（图 11）。坟墓也是博养人重要的拜祖祭祀空间。

图 11　邝氏渡琼始祖邝颐公衣冠冢（张雨摄影）

（九）佛教、道教、基督教类

1. 博养村没有寺庙尼庵

佛门弟子分为在家弟子与出家僧人。出家当和尚、尼姑者，博养相关文献中皆没有记载。但历代博养人皈依佛门的"在家弟子"不少，他们终年吃斋念佛，严持"五戒十善"的戒律。

博养虽然没有寺庙尼庵等大的佛教祭祀空间，但博养的佛门弟子除远到周边的湖中寺礼佛外，多在自家客厅里奉置佛像，甚至专设佛堂，早晚诵课、念经。佛教部分教义根深蒂固地植根于博养人心中，与儒家伦理合而为一，成为历代宗亲乡贤们推崇的做人做事行为准则。

2. 博养村没有道观

博养地处平原，既没有像定安一样的玉蟾宫观，也不大可能有高山丛林中的"洞天福地"。

道教为中国本土宗教，其"尊天地，敬鬼神"之义也融进了博养人的气质中。传统社会，村里每隔十年八年，就会请来大班道士，给全村各位神祇做法事，使各位神灵更加英灵显赫，护佑全村万事顺利平安，博养人称"做斋祭炼"。斋日一般为七天，由身穿红黄相间八卦服的道长带领多名身穿蓝色长袍、头戴黑色圆帽的道士轮流奉诵经文。在小锣和引磬声的伴奏中，道长每念唱完祭祀文，就用火烛烧掉一道黄符，并领着众道士向四方跪拜。做法事的最后一晚，道士还要组织村人举行"考公""过火山"等有着神秘宗教色彩的仪式，以彰显各位神灵经过道士"做斋祭炼"后英灵显赫。"考公"是活动的重要环节。在急促的锣鼓声中，道长将抬神灵用的銮轿及神像倒立在道台上。若多次倒立仍不成功，道长就会向神像抛撒五谷，口念经文再做尝试。一旦神灵銮轿倒立取得平衡，则表明神灵已附于这一神偶上，在场的村人便发出如雷的欢呼声。

3. 博养村没有教堂

受外来影响，早年本村已有基督耶稣信徒，往长流等教堂做礼拜。1858年（咸丰年）《天津条约》后，教会影响在岛上逐渐推开，紧邻海口和长流的博养村，外出经商求学者，也受其影响。基督教主要包括天主教、东正教、新教三大派别。长流基督教分会于 1945 年创办，设在长流墟，创始人为郑妠五，当时信徒十几人，大多为残疾人，入教目的，希望解脱苦难，教民相互关爱挽扶，有精神寄托，死后能上天堂。解放初期，长流基督教徒，礼拜多以家庭聚会活动为主，亦有人赴海口福音堂或秀英基督教聚会点参加活动。1994 年，经海口市人民政府批准，在长流镇中城街设基督教会聚会点，堂务主持人为陈金莲（荣山寮人）、黄霞（教徒）。从此，每逢周日，长流地区基督教徒就近在长流教堂做礼拜，集中授课讲经和过圣诞节、受难节、复活节、感恩节等。目前，博养信奉基督教者为数不多。

三、博养祭祀空间解读

神跟人走。博养丰富的祭祀空间其实与族源多样有关。依各姓祠堂、族谱记载考证，大部分人的祖先，先是隋唐、宋元时期，再是明清年间，从闽、粤、桂、苏、浙等省迁徙入琼，先后落籍长流之博养村。由于历史原因，岛上民族有先后"依附"随从归统的演化过程，文献学、民族学研究表明，强势宗族的介入，使弱势民族和族群"称臣"归附，此"大统"的民族演变，在近现代的本地屡见不鲜。历代官宦兵勇落籍的，如宋朝经略安抚使黄篪，澄迈知县杜仲儒等后裔迁徙落户本村；历代贬流官员安置的，如唐朝户部尚书吴贤秀，宋朝兵部侍郎王居正等后裔迁徙而来；历代授官、避乱、谋生迁居的，如元朝李三畏、明朝张瑀、邝颐、伍宗德后裔等（依迁徙先后排列），及先来后到开村和融入的各姓宗族，包含"归附"的先期原住民。随着宗族迁徙到博养，固有的神偶信俗随之而来和俚人文化交融，不断嬗变和固化，尤其在近现代，宗派及势力影响，在社会变革的催化下，产生新的信俗及神偶异化，在相当长的历史演变中，找到博养相传的根基，在谋求地位和资源主宰中，在传统社会里起到极大的作用，在今天，还是潜移默化地延续，但也会随变革而循序弱化。

（一）多神崇拜

通过整理博养村的祭祀空间，我们可以看到博养村的信仰特质，多教合一与多神崇拜。似乎是众神纷呈，但却不乏有序可循。博养神灵祭祀空间是以"万天公庙"为首要载体，同时并存有大村划分的区域性"境主"信俗，祭祀形式亦同亦异。各种祭祀空间供奉有不同的神灵，各有自己的祭祀时间、神职人员和信众。"万天公"叙事是博养村最大的神灵叙事，它或许在一定空间统合了各种神灵崇拜中诸多愿求，纷杂的神灵系统共同服侍着博养人。以万天公为至上神，其他众神各司其职，这与中华的多神传统一脉相承。博养村的祭祀空间和博养人的心灵空间，具有中华多神信仰的特质，是中华文明传统的延伸和复制。同理，不但博养村如此，在海南岛以汉族为主体的"大村落"多有这样的特质。比如在琼海潭门镇潭门村，除每村都祭拜海神"一百零八兄弟公"外，其他的龙王、菩萨、关公、盘古、村公等神灵都各有自己的祭祀空间，或者合用一个祭祀空间。而比汉族地区较小的村落和黎、苗、回三族地区祭祀空间相对单一。

这种多教多神合一的祭祀空间体现了中华文明的博大、包容与多元，此为我中华文明的优秀特质之一。

（二）"家国"儒教

博养的祭祀空间虽然一统于"万天公庙"为全村境主价值认同，众神纷呈，但以儒教的家国神灵系统为心灵联系，在农耕时代耕读传家正统思想根深蒂固。帝制与宗法是中国传统政治制度和社会秩序的特质。围绕这两大特质形成了以皇帝为大祭祀的"天帝"神灵系统，以及以宗族"大宗"为大祭祀的"祖先"神灵系统。这两大神灵系统很好地呈现在了博养的祭祀空间中。

首先是万天公。万天公是雷神雷震子的别称。而雷神的"神力"来自"天帝"[1]。所以在博养的神灵系统中万天公其实是儒教系统中"天帝"的代表。只是因为在传统社会只有皇帝才能祭"天帝"，所以博养人只能祭祀雷神这样的"小神"。

其次是册封神。在博养的神灵系统中，册封神占据了重要位置，比如文昌帝君、关公、班公、泰华仙妃、冼夫人和妈祖等，都是经过某个或某些朝代皇权或地方政府册封的神灵。所以这些驳杂的神灵，具有"皇权"和"国家"叙事的功能。

最后是宗祠、祖屋与墓地。中国传统社会的基础是"宗法"，无论是农业村落还是渔业村落都离不开祖宗崇拜。"祖先神"是宗法叙事的核心。宗祠选址遵循左宗右社，即在村右建公庙、在村左建宗祠的传统，宗祠多建在"有龙脉、有形势、有堂局、有水口"的地方。在博养，风水最好的地方为"万天公庙"及其他重要庙堂，其他风水较好的地方都建有大姓氏"宗祠"，无论是邝氏宗祠、张氏宗祠，还是伍氏宗祠，都位居宗族集聚地风水最好的地方。且依古制，选址建祠有明潭靠山（前照后靠）格局，则古代所谓"明堂"。除宗祠外，小宗的"祠堂"、祖屋和墓地共同构成了以"祖先神"的祭祀空间。同时，为分房宗族认同的各种神灵如梅仙等，一样承接了"家国"叙事。

本村各姓氏宗祠分有总祠、支祠、家祠及"合姓大宗祠"等，分布于村

---

① 在儒教的"四书五经"中有多种说法，比如昊天上帝等。

落早年各宗姓集居范围内和祖宅中，供奉各自的祖先及神灵。除总祠冠有姓氏宗祠名号，支祠冠以"堂号"，如张氏支祠有"秀峰"号，亦有分立支祠者名号冠名，如邝氏"穆如公家祠"。个别支祠与神偶同祀，如邝氏"梅仙公祠"等。祖先画像、族谱、名人题字、官府褒扬、族训族规、重大事件碑刻等全族最珍贵、最重要的文献文物，均存放在祠堂中。各祠中本设有祖先牌位及香案、钟、鼓等祭器，但因种种原因，许多祠中已无祖先灵牌，而多为神偶。古今凡是修族谱等事关本宗族的各种大事，均在祠堂内商议决定。

本村是当今海南先祖祭祀文化体系保存最为完整的村落之一。

（三）空间重构

这里的空间重构，既包括祭祀空间，又包括心灵空间。

博养的祭祀空间为我们描述了一幅美丽而祥和的乡村画卷：不管你是居住在村里还是在外工作或经商，只要你在博养村有祖屋，除夕（现有的村民提前到廿八、廿九日）你一定要回家乡祭拜万天公及祖先；年廿八至除夕，万天公庙祭拜的人摩肩接踵，人声鼎沸；公庙香炉里烟火缭绕，三张大供桌上摆满祭品，庙庭中鞭炮震天。等等。每种祭祀空间的祭祀活动都充满了海南乡下之浪漫、村子家族家庭之温馨、百千人心灵之安宁。

但是随着海南自贸岛的建构所带来的海南城市化进程加速，以及科学、理性、唯物等观念的日趋强大，包括博养人在内的海南早期移民居住地神灵空间如何重构、心灵空间如何重构、心灵如何安顿已经提上了日程。

结语

泛南渡江流域宗族宗教世俗文化研究，已经引发学界极大的兴趣与介入，国家、省市社科类选题多与此有关，所出成果在国内外文化交流中已经成为亮点。以石梁平为首的研究团队深入博养古村上百次，并选择环海口"村话"语境和风俗相近相同的西秀、长流、石山、遵谭、龙塘、旧州、龙桥、龙泉等镇个别典型古村落进行比较性调研。博养村因地处琼北最早的港口烈楼港附近，从一个小渔村慢慢演变为一个内陆渔农混合村落，随着大陆和海南其他地区人口的不断迁入，甚至黎族的汉化，博养积聚了多教多神的祭祀空间。这一祭祀特质体现了中华文化的多元、包容与开放，这一祭祀特质也体现了中华文明在海南岛的复制与衍化。老一辈博养人祈望在众神的呵护下，安然地繁衍生息，而新生代在"附和"上辈人固有价值取向的同时，将此仅作为"老旧"的乡土思维和"根"的载体，虽多有参入，但提倡移风易俗。在海南自贸岛建构与日渐城市化的今天，如何保存这一优秀的传统，给学界和地方政府提出了崭新的课题。希望随着自贸岛建构的深化和海南城市化进程，海南"早期移民"在物质层面有获得感的同时，也不会失去精神家园和心灵的安顿。

参考文献

［1］海南地方文献丛书编纂委员会．正德琼台志［M］．海口：海南出版社，2006．

［2］海口市地方史志编纂委员会．海口市志［M］．北京：方志出版社，2004．

［3］冯建章．中国文化背景下的"终极实在"［M］．北京：团结出版社，2011．

海洋族群研究

疍民研究的现状、热点及趋势

——基于 CiteSpace 的可视化分析①

周　俊　王佳美②

【内容提要】采用 CiteSpace 可视化软件对中国知网数据库 646 篇疍民研究相关文献的年度发文量、机构、作者、关键词进行综合分析，揭示该研究领域的发展现状、研究热点以及前沿趋势。研究认为，目前疍民研究主要包括疍家文化与民俗研究、疍民与海洋文化研究、语言与方言研究、音乐与咸水歌研究、乡村振兴与旅游开发研究以及社会变迁与身份认同研究等主要议题；研究视角与方法有待扩展、研究区域与保护类别不平衡、研究力量和资源有限。为此，未来疍民研究需要对疍民相关资源进行抢救性调查研究，推动研究成果更具系统性和整体性，推动建立"疍家学"；同时还需要拓宽研究视角，建立跨学科交叉研究的综合视野，为疍民族群发展和文化保护传承贡献智慧。

【关键词】疍民；CiteSpace；可视化分析

　　疍民指的是在广东、广西、福建、海南等地区以舟居为主、捕鱼为生的水上居民，又称疍民、蛋民、蜑民、蜒民、游艇子、白水郎、连家船民、水上居民等。他们是一个相对独立的族群，具有悠久的历史和丰富的文化底蕴。目前，国内的疍民研究已经取得了一定的进展，不少学者对疍民的相关主题进行了文献的梳理和精细化分析。吴水田、司徒尚纪（2009）③从地理

　　① 基金项目：国家社科基金项目"中国东南沿海疍民海洋文化遗产调查、整理与研究"（22BZS155）、河北省高等学校科学研究项目青年拔尖人才项目"南海疍民与海上丝绸之路关系研究"（BJS2023039）。

　　② 作者简介：周俊，博士，燕山大学文法学院副教授，燕山大学中国长城文化研究与传播中心研究员，研究方向为文艺学、非物质文化遗产。王佳美，文艺学硕士，燕山大学文法学院研究生，研究方向为民间文艺学。

　　③ 吴水田、司徒尚纪：《疍民研究进展及文化地理学研究的新视角》，载《热带地

学视角分析疍民的种族起源、地理分布以及生产生活文化，探究地理环境对疍民的影响，并提出了对疍民进行文化地理学研究的视角和方向。肖明君（2015）[①]对 2007 年至 2015 年间中国咸水歌的相关研究成果进行了回顾，将之划分为历史研究、音乐形态研究、审美风格研究和传承保护研究四大板块，认为学界对咸水歌的研究还处于起步阶段，在研究视角、研究方法、研究领域以及"原生态"保护等方面依旧存在着一些问题。毛春洲（2015）[②]从疍民语言的起源、分类、分布、特性以及与疍民之间的关系等方面对疍民语言的研究现状做综述，认为保护和传承疍家话将是未来疍民语言研究的重点方向。王瑜（2019）[③]对近 15 年疍民文化研究的发表文献进行了梳理与检讨，认为疍民文化研究成果主要集中在对族源文化、生产文化、信仰与民俗文化以及与其他群体的互动文化等方面，肯定了跨学科研究方法、宏观与微观并进的研究路径、多体裁的资料挖掘以及研究队伍的逐渐充实。已有综述性文献大都是对疍民进行单一角度的研究，或文化，或语言，或民歌，并未从整体视野下对疍民研究进行系统总结，缺少对疍民研究的量化分析。为了弥补上述不足，本文运用 CiteSpace 软件对疍民研究的理论成果进行量化解读，整体探讨疍民研究的发展现状、热点主题以及前沿趋势，以期深化拓展疍民研究，为今后的疍民研究提供有益的参照和导向。

一、数据来源与研究方法

（一）数据来源

本研究选择中国知网（CNKI）数据库为检索数据域，检索时间不限，检索日期为 2023 年 11 月 14 日，由于疍民存在多种别称，因此将检索主题设置为"疍民""蛋民""蜑民""蜒民""水上居民""连家船民"和"游艇

理》，2009 年第 29 卷第 6 期，第 583—587 页。

　①　肖明君：《中国咸水歌音乐研究综述——以知网和万方收录为依据》，载《黄河之声》，2015 年第 2 期，第 96—97 页。

　②　毛春洲：《疍民语言研究述评》，载《理论观察》，2015 年第 11 期，第 96—97 页。

　③　王瑜：《近 15 年来疍民文化研究述评》，载《广东石油化工学院学报》，2019 年第 29 卷第 2 期，第 25—30 页。

子"。基于研究文献的全面性考量，最终采用了 CNKI 数据库全部期刊作为研究数据来源，勾选同义词扩展，初步检索共获文献 646 篇。为保证样本期刊文献的科学性和学术性，采用人工比对筛选的方法，剔除主持人语、卷首语、创作手记、设计说明和摄影作品等非学术性文献 74 篇，最终保留文献 572 篇，然后以"Refworks"格式导出，借助 CiteSpace 可视化功能构建疍民研究的小型文献数据库。

（二）研究方法

CiteSpace 是陈超美教授开发的知识图谱可视化软件，通过对某特定领域文献数据库的分析，发现该领域的学术演化特征。本文基于 CiteSpace 可视化软件，运用文献计量分析方法，从年度发文量、机构、作者等方面概述了疍民的相关研究现状；通过分析关键词共现网络图谱和高频被引文献定位研究热点；借助关键词聚类图谱聚焦研究热点主题；通过关键词突现图把握演进趋势，跟踪研究前沿。以图表的形式对已公开发表的"疍民"主题文献资料进行量化分析，可以更加直观、科学地呈现该领域概况、热点和前沿。

二、疍民研究的概况分析

（一）文献时序产出分布

发文量年度分布图可以直观地观察某领域研究发展现状与整体发展趋势。本文依据检索条件剔除 CNKI 数据库中的非学术性研究文献之后，借助 CiteSpace 可视化软件统计疍民相关研究的年度发文量，绘制了 1954 年至 2023 年疍民研究的文献数量年度分布（图 1），其中 2023 年为不完全统计，统计时间为 2023 年 11 月 14 日。由图 1 可知，在近七十年研究中，相关文献数量经历了缓慢起步、逐渐增长和稳定发展三个阶段：

第一阶段为 1954 年至 20 世纪 80 年代的"奠基及缓慢发展期"。虽然知网早期数据不全面，关于疍民的相关文献存在未收录的情况，但是依旧可以根据图表数据以及阅读相关文献洞悉本阶段研究情况。1954 年知网出现了研究疍民的第一篇文章《关于福州水上居民的名称、来源、特征以及是否少数民族等问题的讨论》①，但该阶段总体发文量较少，增长速度缓慢，保持 0 至 5 篇的浮动。新中国成立以后，疍民群体的归属问题进入政治视野。1954 年，周恩来明确提出要逐步解决疍民的上岸、就业和教育问题，在这一年陈碧笙②、韩振华③等学者对有关疍民身份认定和历史来源的问题展开研究。此后直到 20 世纪 80 年代，疍民研究主要集中在疍民的历史源流、体质特征以及独特婚俗等方面，专注于历史学、人类学的实证与文学解读，实践应用导向不强。

第二阶段为 20 世纪 80 年代至 2020 年的"增长期"。这一时期疍民研究文献呈现波浪式上升状态。2011 年首届疍民文化学术研讨会在广州举办，之后年度发文量增长速度出现大幅度提高，出现了 2014 年、2018 年以及 2020 年三个峰值。南海问题的出现以及"一带一路"倡议的提出，使学者的学术关注点转向了与海洋生活相关的疍民群体，在 2014 年出现了紧跟政治热点的《明清时期疍民社会与中国对南海诸岛的管辖》④《宋元海上丝绸之路对海南经济生活的影响》⑤等文献。另外，2014 年首届三亚疍家文化论坛在海南三亚举办，专家学者聚焦于疍家的历史与现状、疍家文化的开发与保护等方面。2018 年，在国家"一带一路"倡议和海洋事业的蓬勃发展中，对海上丝绸之路的历史追溯以及对中国海洋文化的探索持续引起学界对疍民研究的关注。值得关注的是，在这一年《文史春秋》期刊以"海上部落"疍家人为切入点，在第 8 期浓墨重彩地开展了疍民研究专题，发表了 12 篇学术性文章，成为该年度文献发表的核心力量。2020 年，郭建民、赵世兰等人对疍民"水上民歌"的历史成因、音乐形态、艺术特征以及基本功能等方面进行爆发式探索，在《音乐生活》期刊上发表了 12 篇文章。这一

---

① 陈碧笙：《关于福州水上居民的名称、来源、特征以及是否少数民族等问题的讨论》，载《厦门大学学报（文史版）》，1954 年第 1 期，第 115—126 页。

② 陈碧笙：《关于福州水上居民的名称、来源、特征以及是否少数民族等问题的讨论》，载《厦门大学学报（文史版）》，1954 年第 1 期，第 115—126 页。

③ 韩振华：《试释福建水上蛋民（白水郎）的历史来源》，载《厦门大学学报（文史版）》，1954 年第 5 期，第 149—172 页。

④ 李宁利：《明清时期疍民社会与中国对南海诸岛的管辖》，载《西南民族大学学报（人文社会科学版）》，2014 年第 35 卷第 10 期，第 63—69 页。

⑤ 李彩霞：《宋元海上丝绸之路对海南经济生活的影响》，载《韶关学院学报》，2014 年第 35 卷第 1 期，第 52—55 页。

阶段，学者们不仅对疍民的研究领域、研究方法和研究视角进行了深化与拓展，更多元化地对疍民相关领域进行剖析，并尝试以经世致用的思维开展指导旅游开发、遗产保护、文化传承等内容的相关应用型研究。

第三阶段为2021年至今的"相对缓慢期"。在继续前一阶段研究内容的基础上，疍民研究开始转向乡村地域与沙田地区的研究，乡村振兴与文化传承创新等主题的文章较多。但是最近三年的发文量有所回落，说明疍民研究遇到了瓶颈期，研究领域与空间有所受限。但是随着国家对疍民文化的重视，海南疍家博物馆、疍家文化旅游区、高莭岛生态源的建设，势必会引起学界对疍民研究的关注。今后的研究需要以国家战略为指引，融合其他研究视角，积极挖掘研究资料，拓展研究领域与研究方法，激发学者的研究热情，促进疍民研究的可持续发展。

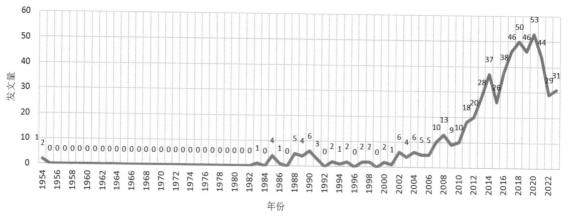

图1　1954—2023年疍民研究文献发文量年度分布图

（二）主要发文机构及机构网络分析

通过研究机构合作共现网络图谱能够检视某一研究领域内研究机构的科研产能和研究机构之间的合作交流情况。运用 CiteSpace 软件绘制疍民研究机构共现网络图谱（图2）可知，本研究领域发文机构网络图谱中共有350个节点，92条连线，网络密度0.0015。每一个节点代表一所研究机构，节点之间的连线与粗细程度代表研究机构之间的合作情况。由图2节点分布可见：三亚学院是疍民研究的主要力量，它与热带海洋学院、湖州师范学院、辽宁师范大学组成了最大的一个合作网络，并且其所下设二级学院之间的交流合作较多，团队协作性较好；广州大学旅游学院与中山大学地理科学与规划学院间也有一定的合作关系；厦门大学人类学研究所、华南师范大学历史文化学院以及中山大学人类学系也是疍民研究的主要科研单位，但主要开展独立研究，与其他单位间合作较少。此外，疍民研究机构主要集中在音乐学院、旅游学院、历史学院、人文与传播学院等二级学院，且主要分布在海南、广东、广西、福建等东南沿海省份，这些研究机构充分利用地理资源优势，纷纷在疍民研究领域进行"深耕"和"广获"。因此，未来相关研究机构需要在地域资源的基础上保持在地化研究优势，与其他二级学院积极开展合作，加强合作交流，拓宽疍民研究的学科视野和研究广度，共同提高疍民研究的影响力。

图 2　疍民研究机构共现网络图谱

（三）核心作者与作者共现分析

核心作者是某一研究领域的主要研究力量，借助 CiteSpace 软件对核心作者进行提炼，并对作者共现合作网络进行分析，能够深刻把握某一学科领

域主流观点与研究现状。在 CiteSpace 中将阈值设置 TopN=100，选择节点
类型为作者，绘制作者共现网络图谱（图 3）。通过作者共现网络图谱可以
了解该领域的核心作者及作者合作情况，在图 3 中，共形成了 659 个节点，
429 条连线，网络密度 0.002，依据普赖斯定律中的核心作者计算公式取整
可得，发文量大于等于 3 篇的作者为疍民研究的核心作者。通过对文献样本
作者的统计分析，共有 38 位核心作者，其中共有 23 位学者发文量在 4 篇及
以上，是本研究议题发文作者的中坚力量（见表 1）。从发文作者的合作情
况来看，作者共现网络图谱中主要形成了以郭建民为中心，赵世兰、陈锦
霞、梁卿三人为旁支的核心合作团体，他们四人主要从音乐角度对疍家音乐
进行分析，涉及历史成因、音乐形态、传承传播等方面，从多个层面对疍家
"水上民歌"进行挖掘整理与拓展深化[1][2][3]；吴水田主要与陈平平、司徒尚
纪、雷汝霞等学者积极展开合作，组成了一个密切的学术合作网络，从旅
游、文化、地理等学科视角对疍民饮食文化、婚俗文化、民歌与旅游开发之
间的耦合关系开展研究，提出在结合过程中应注意疍民文化的原真性和体验
感，构建文化保护和经济开发的双赢局面[4]；另外詹坚固作为发文量高达 9
篇的核心作者，主要开展独立研究，并未与其他作者形成合作关系，其研究
内容主要是从历史维度对疍民的命名文化、疍户贱籍歧视问题、"疍"字的
历史演变等问题展开研究。从发文作者学科分布来看，多集中在音乐学、旅
游学、民俗学、政治学等学科领域之中，未来疍民研究的多学科拓展和跨学
科研究还有待加强；从发文作者所属机构单位来看，高校是疍民研究的主要
研究力量，且机构所处地理位置影响合作网络的形成以及研究对象的选择。

---

① 郭建民、赵世兰：《图说"疍民"——兼论南海"水上民歌"的历史成因》，载
《音乐生活》，2020 年第 6 期，第 39—43 页。
② 郭建民、郭溢洋：《文化古韵——南海"水上民歌"的艺术特征》，载《音乐生
活》，2020 年第 11 期，第 35—41 页。
③ 郭建民、赵世兰：《"乐"谈"疍民"——南海"水上民歌"音乐形态分析》，载
《音乐生活》，2020 年第 8 期，第 48—55 页。
④ 吴水田、陈平平：《岭南疍民饮食文化及其旅游开发初探》，载《江苏商论》，
2014 年第 12 期，第 11—13、17 页。

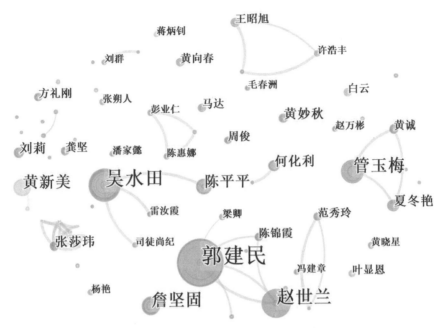

图 3　疍民研究作者共现网络图谱

表 1　疍民研究核心作者

序号	发文量	作者	机构单位	学科分布
1	20	郭建民	大连大学	音乐舞蹈；戏剧电影与电视艺术；高等教育
2	15	吴水田	广州大学	旅游；高等教育；文化
3	12	赵世兰	大连大学	音乐舞蹈；戏剧电影与电视艺术；高等教育
4	10	管玉梅	三亚学院	旅游；高等教育；文化
5	9	詹坚固	华南师范大学	中国民族与地方史志；中国通史；中国古代史
6	8	黄新美	中山大学	生物学；基础医学；人口学与计划生育
7	7	陈平平	广州大学	旅游；高等教育；轻工业手工业
8	5	张莎玮	广州美术学院	建筑科学与工程；文化；环境科学与资源利用
9	5	刘莉	中山大学	行政学及国家行政管理；社会学及统计学；民族学
10	5	夏冬艳	三亚学院	材料科学；高等教育；会计
11	5	何化利	海南热带海洋学院	行政学及国家行政管理；中国政治与国际政治；政党及群众组织

（续表）

序号	发文量	作者	机构单位	学科分布
12	5	黄妙秋	南宁师范大学	音乐舞蹈；高等教育；中等教育
13	4	周俊	燕山大学	文化；船舶工业；宗教
14	4	叶显恩	广东省社会科学院	中国古代史；中国民族与地方史志；文化
15	4	陈锦霞	三亚学院	音乐舞蹈；图书情报与数字图书馆
16	4	黄诚	三亚学院	保险；中国政治与国际政治；文化
17	4	范秀玲	海南热带海洋学院	中国文学；音乐舞蹈；教育理论与教育管理
18	4	方礼刚	海南热带海洋学院	社会学及统计学；文化；世界历史
19	4	马达	莆田学院	音乐舞蹈；中等教育；高等教育
20	4	龚坚	肇庆学院	文化；考古；行政学及国家行政管理
21	4	王昭旭	海南热带海洋学院	旅游；文化；资源科学
22	4	黄向春	厦门大学	社会学及统计学；中国政治与国际政治；民族学
23	4	白云	广西师范大学	中国语言文字；旅游；资源科学

三、疍民研究热点分析

（一）研究热点呈现

研究热点指某一研究领域的学者们共同关注的议题，对揭示该领域研究的整体情况具有重要的学术参考价值。可以通过关键词频次及其中介中心性来揭示学者们在疍民研究领域的关注点；同时，利用学术关注度较高的高被引文献所具有的学术价值定位疍民研究领域的研究热点。本研究借助CiteSpace 软件进行可视化图谱分析，使用关键词共现频次、关键词中介中心性和高被引文献等指标来综合定位疍民研究的研究热点。

1. 关键词频次计量及其中介中心性

关键词是一篇论文核心内容的浓缩，高频关键词代表该词在研究领域中受到高度关注，高中介中心性关键词（中心性>0.1）则代表该词在研究领域中具有较高桥接相关主题的能力。[①]通过 CiteSpace 计量工具绘制关键词共现网络图谱（图 4），并以表格的形式对疍民研究的高频关键词频次及其中介中心性进行了统计（表 2），以把握疍民研究的焦点与重心，窥探疍民研究领域的知识体系和研究热点。

图 4　疍民研究关键词共现网络图谱

表 2　疍民研究高频关键词

序号	频次	中介中心性	关键词	序号	频次	中介中心性	关键词
1	113	0.61	疍民	11	10	0.02	广东

[①] 周鹏：《近 30 年来国内民族精神研究述评——基于 CNKI 的知识图谱分析》，载《西南民族大学学报（人文社会科学版）》，2023 年第 44 卷第 2 期，第 232—240 页。

（续表）

序号	频次	中介中心性	关键词	序号	频次	中介中心性	关键词
2	48	0.23	咸水歌	12	9	0.06	海洋文化
3	31	0.07	疍家人	13	9	0.02	海南疍家
4	27	0.12	疍家文化	14	8	0.03	珠江三角洲
5	24	0.08	疍家	15	7	0.01	海南疍民
6	17	0.09	海南	16	7	0.01	民间信仰
7	15	0.05	传承	17	7	0.03	文化景观
8	14	0.06	民俗文化	18	7	0.03	开发
9	13	0.04	水上居民	19	7	0.02	发展
10	10	0.03	旅游开发	20	7	0.02	北海

在关键词共现网络图谱中（图 4），共有 1224 个节点，2600 条连线，网络密度为 0.0035，每一个节点都代表一个关键词，节点越大意味着频次越高，连线代表着关键词之间的联系。根据高频关键词表可知，"疍民"（0.61）、"咸水歌"（0.23）以及疍家文化（0.12）中心性大于 0.1，是本研究领域的中心节点，在疍民研究中具有较大影响力，凭借高中介中心性成为桥接其他关键词的重要媒介。其中，"咸水歌"作为高影响力的中心节点，证明疍民研究中不少学者围绕咸水歌展开发散。另外，"疍民"作为检索关键词位于词频首位，并出现了"疍家人""疍家""水上居民""海南疍家"等与其高度相似的核心关键词，而其他高频关键词则以这一检索关键词为中心向外的辐射和扩散，从不同方面对疍民展开研究。具体而言，"咸水歌""疍家文化""民俗文化""海洋文化""民间信仰""文化景观"等关键词反映了学者们对"疍民"的文化内容、艺术特色等方面的挖掘；"海南""广东""珠江三角洲""北海"等关键词则反映了疍民研究的地域分布情况，凸显出疍民研究与地域资源的密切关系；除此之外，"传承""旅游开发""开发""发展"等关键词共同彰显了疍民研究最终所导向的实践属性。

2. 关键词聚类分析

关键词聚类分析是一种反映学界研究热点的有效方法，通过 CiteSpace

软件的聚类功能在排序演算的基础上可以得到某一研究领域中具有代表性的聚类主题，把握某一研究领域的研究热点[①]。本文在关键词共现分析的基础上，对"疍民"主题文献关键词用 LLR 算法进行聚类，根据 summary of clusters 数据显示的聚类结果，将最大聚类值设置为 11，绘制关键词聚类图谱，如图 5 所示，Modularity Q 的值为 0.8214，Weighted Mean Silhouette S 的值为 0.9459，聚类区分度显著，聚类结果令人信服。最终得到"#0 疍民""#1 咸水歌""#2 疍家文化""#3 传承""#4 珠江三角洲""#5《更路簿》""#6 疍家""#7 变迁""#8 九姓渔户""#9 船民""#10 语言接触"等 11 个聚类标签名。从关键词聚类可以看出，疍民、疍家、船民等作为特殊族群是本研究领域的研究主体；咸水歌、疍家文化、《更路簿》、语言接触等作为疍民特有文化内容是疍民研究的文化根基；变迁、九姓渔户是疍民研究的历史印记。为了更好地挖掘聚类信息，通过运行 Cluster Explorer 功能，将聚类的基本数据抽取制成表格，得到关键词共现网络聚类表（表 3）。

图 5 疍民研究关键词聚类图谱

① 何丹丹、李兴国、吴廷照、梅智强：《基于 Cite Space 的我国图书馆移动服务研究热点可视化分析》，载《图书馆》，2018 年第 2 期，第 94—99 页。

表 3　疍民研究关键词共现网络聚类表

聚类编号	聚类大小	聚类标签名	聚类轮廓	聚类标签词（前 10 个）
0	134	疍民	0.919	疍民；妈祖；咸水歌；服饰文化；澳门；合浦；明代；亲水；他者；疍家人
1	101	咸水歌	0.927	咸水歌；疍家人；海南；时代变迁；疍民；比较研究；传承人；文献整理；保护；侨港镇
2	71	疍家文化	0.935	疍家文化；疍民；疍民服饰；民族传统体育；亲水性族群；全域旅游；文化旅游；商业空间；仪式展演；开发
3	62	传承	0.947	传承；艺术特色；文化；汕尾渔歌；发展；审美；种类；新世纪；惠东渔歌；语式
4	55	珠江三角洲	0.951	珠江三角洲；渔民；文化景观；水上人；民间信仰；渔业；沙田地区；景观价值；人类学家
5	52	《更路簿》	0.919	《更路簿》；旅游开发；南海；文化特征；造船；东南沿海；海南疍民；海上丝绸之路；生活质量；南沙群岛海域
6	52	疍家	0.927	疍家；海洋文化；北海；创新应用；抒怀歌；劳作歌；北部湾经济区；珠江口水上居民；形象再造；数据库建设
7	42	变迁	0.906	变迁；海南疍家；民俗文化；个案考察；斜阳岛；海疍；汕尾蛋民；做海；两色衣；动画开发
8	34	九姓渔户	0.998	九姓渔户；不可接触者；权力话语；明嘉靖；族群性；《潮州府志》；姓氏制度；宗族观念；主流社会；帝制中国
9	33	船民	0.98	船民；九姓渔民；严州；疍民（疍户）；船运；阶层；水运史；惠州；钱塘江；内河航运
10	32	语言接触	0.98	语言接触；音系规则；异化作用；疍家渔民；疍家话；蛋家话；濒危方言；军话；配音律；语言心态

3. 高频被引文献分析

文献的被引频次是衡量文献质量水平和学术影响力的重要测度标准之一，高被引量是某一研究领域文献权威影响力的集中体现。截至 2023 年 11 月 14 日，该研究领域排名前十的高被引文献如表 4 所示。由此可知，高被引论文主要集中在《中国社会经济史研究》《中国经济史研究》《历史研究》等历史学领域期刊以及《广西民族学院学报（哲学社会科学版）》《广西民族研究》等民族学领域期刊。在疍民研究高被引文献前 10 中，所呈现的疍民的历史研究、族群研究、文化民俗研究等议题都是学界一直关注的热点论域。

表 4　疍民研究高被引文献

序号	篇名	作者	刊名	发表时间	被引
1	宗族、市场、盗寇与疍民——明以后珠江三角洲的族群与社会	萧凤霞；刘志伟	中国社会经济史研究	2004 年 9 月 15 日	230
2	中国乡村人类学的研究进程	庄孔韶	广西民族学院学报（哲学社会科学版）	2004 年 2 月 1 日	99
3	江南水乡和岭南水乡传统聚落形态比较	施瑛；潘莹	南方建筑	2011 年 6 月 30 日	74
4	作为方法的华南：中心和周边的时空转换	麻国庆	思想战线	2006 年 7 月 15 日	63
5	疍民的历史来源及其文化遗存	蒋炳钊	广西民族研究	1998 年 11 月 15 日	51
6	明清广东疍民的生活习俗与地缘关系	叶显恩	中国社会经济史研究	1991 年 4 月 2 日	49
7	从疍民研究看中国民族史与族群研究的百年探索	黄向春	广西民族研究	2008 年 12 月 20 日	48
8	明清珠江三角洲沙田开发与宗族制	叶显恩	中国经济史研究	1998 年 11 月 15 日	42
9	闽江流域疍民的文化习俗形态	刘传标	福建论坛（经济社会版）	2003 年 9 月 30 日	37

（续表）

序号	篇名	作者	刊名	发表时间	被引
10	中古时代滨海地域的"水上人群"	鲁西奇	历史研究	2015 年 6 月 25 日	36

（二）疍民研究热点聚焦

通过对关键词共现、聚类知识图谱整合以及高频被引文献的分析定位疍民研究热点，有助于准确把握本研究领域的研究规律以及主要研究方向。按照同质性标准对关键词及被引文献进行分类整理，最终提取出以下有关疍民研究的六大研究热点主题：

1. 疍家文化与民俗研究

疍民的水居生活导致了疍民文化与习俗的生成独特与变化缓慢等特点。学界对疍家文化与民俗研究主要集中在疍民服饰、饮食、婚俗以及信仰等方面。在服饰文化方面，从清代到民国，从北海到珠江口，学者们从时间跨度和空间维度上对疍家服饰的历史、艺术特点和继承与发展等内容进行研究。最近几年有学者开始将研究视野聚焦于疍家女性服饰，对疍家女性服饰的文物、图像及文献资料运用归纳对比分析法，梳理对比疍家女性服饰的艺术特点，总结出不同地域之间女性服饰的共性与独特性[1][2]。在饮食文化方面，疍民饮食文化具有独特的饮食结构、形式、规范与禁忌，随着疍民上岸以及经济开发，疍民的饮食文化的"结构"和"禁忌"逐渐隐身，呈现着多样性、特色性、全面性等特点[3]。在婚俗文化方面，疍民泛舟而居，在婚姻形式、礼俗和家庭制度方面具有独特的文化特质，随着经济发展、民族融合、社会组织的变化，疍民也迎来了婚俗的现代变迁[4]，其中不少地区的疍民借

---

[1] 黄玉玲：《珠江口的疍家妇女日常服饰研究》，载《丝绸》，2023 年第 60 卷第 1 期，第 144—153 页。

[2] 黄玉玲：《岭南疍家女性的传统服饰比较研究》，载《装饰》，2022 年第 4 期，第 102—107 页。

[3] 黎靖、邵思民：《结构和禁忌：人类学视角下的广西疍民饮食文化研究》，载《南宁职业技术学院学报》，2022 年第 30 卷第 1 期，第 67—71 页。

[4] 宋力行、李晓霞：《论广东疍民婚俗演进——以阳江市海陵岛为例》，载《广东技术师范学院学报》，2015 年第 36 卷第 4 期，第 84—91 页。

助独特的水上婚嫁传统获得旅游开发的新动能①。在信仰文化方面，疍民的生计方式影响民间信仰的形成，水神、海神依旧是上岸疍民的崇敬和供奉对象，并且陆地神灵也被建构出水神的角色②。

2. 疍民与海洋文化研究

疍民泛水而居，海洋环境与家船合一、以渔猎为生的生产生活方式铸造了疍民群体独特的海洋文化。疍民的身份和职业③、疍民与南海之间的关系④、疍民的海洋文化遗产⑤等，成为新的研究热点。海洋是疍民的生存来源，疍民生产生活文化是在海洋环境中自然形成的。疍民疍歌描述的是渔民四海为家的海洋往事⑥，海洋性地理生态环境下渔歌才得以产生⑦，疍民非物质文化遗产的文化基因拥有靠海而生之精神、与海共生之智慧和与海相生之历史⑧，水上婚俗、居住环境、饮食结构、服饰文化以及水神信仰等都与海洋密不可分。除此之外，海上丝绸之路、《更路簿》的相关研究则是与疍民的海洋行为密切相关，疍家文化的研究已成为海洋文化和"一带一路"文化研究的一个重要部分⑨。疍民具有高超的捕捞技术与造船能力，所造之船以适合生产、生活为主，在汉朝这一海上丝绸之路的形成与发展时期，疍民

---

① 吴水田、雷汝霞：《西江流域疍民婚俗仪式文化及其旅游开发探讨》，载《梧州学院学报》，2018 年第 5 期，第 1—6 页。

② 邱运胜：《都市边缘区渔业疍民的生计、信仰与日常生活——广州渔民新村的个案研究》，载《文化学刊》，2015 年第 12 期，第 18—23 页。

③ 杨培娜：《从"籍民入所"到"以舟系人"：明清华南沿海渔民管理机制的演变》，载《历史研究》，2019 年第 3 期，第 23—40、189 页。

④ 李宁利：《明清时期疍民社会与中国对南海诸岛的管辖》，载《西南民族大学学报（人文社会科学版）》，2014 年第 35 卷第 10 期，第 63—69 页。

⑤ 冯建章、刘柯兰：《人与海洋的共生：海南非物质文化遗产的文化基因与保护研究》，载《中国非物质文化遗产》，2022 年第 4 期，第 79—85 页。

⑥ 洪映红：《闽南文化的海洋叙事——以闽南语民间歌谣为视点》，载《集美大学学报（哲学社会科学版）》，2020 年第 23 卷第 4 期，第 124—129 页。

⑦ 马达、毕淑婷：《音乐地理学视阈下广东汕尾渔歌生存缘由研究》，载《艺术百家》，2019 年第 35 卷第 4 期，第 100—106 页。

⑧ 冯建章、刘柯兰：《人与海洋的共生：海南非物质文化遗产的文化基因与保护研究》，载《中国非物质文化遗产》，2022 年第 4 期，第 79—85 页。

⑨ 方礼刚：《珠海疍民的来源、变迁及其海洋文化价值》，载《海洋文化研究》，2022 年第 0 期，第 184—203 页。

的造船技术以及航海技术为海上丝绸之路创造了条件，为海上经济贸易提供了保障[1]；疍民的《更路簿》不仅是一项重要的非物质文化遗产，更是渔民自发开发南海、维护国家海洋权益的重要实物证据[2]，需要从传承保护的角度在口述史视野下探究疍民与南海之间的关系[3]。

3. 语言与方言研究

学界对疍民的语言研究主要围绕着疍家话的来源分布、语言特点、方言变异、语言接触、语言保护等方面。有学者通过对疍民语言历史与分布进行研究，认为疍民起源与南越先民有关[4]，在迁移与定居过程因地域不同而有所差异，疍家话系属基本分为粤语、闽语、平话和土话等系统，但是大多属于粤语系统，具有粤语方言特性，随着新中国成立，上岸疍民与陆地人的交流和沟通逐渐频繁，语言相互接触，疍家话受到了普通话的影响，逐渐发生了分化和退化[5]。疍民对疍家话所持的语言态度与疍家话退化密切相关，在语言上的情感态度和实用态度较大程度上影响着疍家话和普通话的使用情况[6]。因此，现阶段疍家话需要进行抢救性调查研究，继续开展语音研究，深入挖掘词汇和语法的研究，运用比较视角建立更全面的整体认识[7]。今后的研究需要将保护疍家话作为研究重点，坚持保持疍民语言文化的独特性。

① 李明山：《东南沿海疍民与海上丝绸之路（上）》，载《广东职业技术教育与研究》，2017 年第 5 期，第 76—79 页。

② 赵家彪：《海南陵水疍民"更路簿"初探》，载《南海学刊》，2022 年第 8 卷第 5 期，第 103—109 页。

③ 周俊：《口述史视野中的海南疍民与南海关系研究》，载《中国海洋大学学报（社会科学版）》，2018 年第 6 期，第 49—53 页。

④ 张寿祺、黄新美：《珠江口水上先民"疍家"考》，载《社会科学战线》，1998 年第 4 期，第 311—324 页。

⑤ 毛春洲：《疍民语言研究述评》，载《理论观察》，2015 年第 11 期，第 96—97 页。

⑥ 毛春洲：《社会语言学视角下的海南疍民语言态度研究》，载《海南大学学报（人文社会科学版）》，2019 年第 37 卷第 5 期，第 93—101 页。

⑦ 杨奔、程敏敏：《岭南地区疍家话研究综述》，载《梧州学院学报》，2020 年第 30 卷第 2 期，第 64—70 页。

4. 音乐与咸水歌研究

咸水歌又被称为疍歌、白话渔歌，是疍民集体创作的一类中国传统民歌。现有文献对咸水歌的研究主要集中在三个方面。第一，历史渊源。何薇（2007）[①]、林凤群（2011）[②]、吴英莲（2016）[③]等学者分别对珠江三角洲、中山、惠东等地的咸水歌的源流进行了追溯，认为咸水歌的产生与疍民的生活环境、先天秉性以及地位和职业有关，是反映疍民精神世界的口头文化与身份确认依据。第二，音乐形态。孙可人（2016）[④]通过对岭南地区流传的《对花》《读书君》《出嫁歌》等歌谣分析，认为咸水歌具有以词为主、词曲呼应的结构形态，以曲传情、曲随情走的旋律形态两大音乐形态特征。第三，艺术特色与功能。黄妙秋（2008）[⑤]介绍了广西北海咸水歌的音乐文化生态背景之后，通过个例分析了咸水歌的艺术特色，并从生活环境、生活方式及社会境遇等方面对咸水歌艺术特色的产生原因进行了文化内涵阐释。张春雨（2016）[⑥]以湛江地区流传的咸水歌为研究对象，对咸水歌的由来、现状、分类以及唱法技巧等内容进行了分析，以期在新时代更好地传承保护咸水歌。周俊（2016）[⑦]对咸水歌的文化传承功能、道德教化功能、审美娱乐功能、祭祀仪式功能、民族凝聚力功能进行了分析。第四，传承与发展。吴英莲（2015）[⑧]揭示了惠东渔歌的起源与变迁，分析了惠东渔歌所面临的困

---

① 何薇：《珠江三角洲咸水歌的起源与发展》，载《广州大学学报（社会科学版）》，2007 年第 1 期，第 3—7 页。

② 林凤群：《浅论中山咸水歌的源流和发展》，载《神州民俗（学术版）》，2011 年第 2 期，第 11—14 页。

③ 吴英莲：《惠东渔歌的渊源、艺术特色及发展新思路》，载《乐府新声（沈阳音乐学院学报）》，2016 年第 34 卷第 4 期，第 173—177 页。

④ 孙可人：《论岭南地区咸水歌的音乐形态及风格特征》，载《歌海》，2016 年第 2 期，第 29—31 页。

⑤ 黄妙秋：《广西北海疍民咸水歌研究》，载《中国音乐学》，2008 年第 4 期，第 14—19、44 页。

⑥ 张春雨：《咸水歌的艺术特点研究》，载《北方音乐》，2016 年第 36 卷第 1 期，第 159 页。

⑦ 周俊：《三亚疍民咸水歌的社会功能研究》，载《名作欣赏》，2016 年第 6 期，第 156—158 页。

⑧ 吴英莲：《惠东渔歌传承与发展》，载《黄河之声》，2015 年第 23 期，第 127—128 页。

境，并提出惠东渔歌的发展离不开政策的支持、数据资料库的建立、演唱人才的培养、受众基础的建立四个方面的努力。

5. 乡村振兴与旅游开发研究

乡村振兴的关键在于产业振兴。在乡村振兴战略背景下，不少学者立足于疍民聚居地的文化旅游资源进行乡村振兴，在文旅融合的过程中实现对疍民文化的开发与保护。在乡村振兴与旅游开发热点主题研究中，学者们主要研究疍民地区的乡村振兴战略、文旅融合途径、旅游开发与保护等方面。黄丽华（2019）[1]对海南疍民的起源、民俗文化进行探索，认为需要采取挖掘疍家文化价值、扩展研究新视角、结合"一带一路"进行推广等措施，在收集和保护好疍民传统风物风俗的基础上进行旅游开发。莫连凤、李贵楼等（2017）[2]学者在田野调查的基础上，对疍民民俗文化旅游资源概况、旅游开发现状以及开发问题等方面进行研究，着重探讨旅游开发策略以及北海疍家传统民俗文化与旅游业之间的互动关系。翁飞潇、赵婧等（2022）[3]学者阐述推动闽东连家船民产业发展对疍民群体的意义，认为需要从建立活态博物馆、大力发展海洋经济、拓展周边产业等途径构建闽东连家船民特色产业发展模式。

6. 社会变迁与身份认同研究

本热点主题主要分为疍民历史来源、社会变迁以及身份认同等方面。根据疍民研究关键词聚类知识图谱，可以将本研究热点细分为三个方面：第一，从历史维度出发探索疍民群体的形成过程。吴建新的《广东疍民历史源流初析》针对广东疍民历史来源问题进行探讨，从新石器时代晚期对广东疍民的"源"进行梳理，认为秦汉时期南越族的迁徙活动直接导致了宋代以后"蛋家"的产生，并借助历史传说对其"流"进行分析，对"疍"的名称确

---

① 黄丽华：《海南疍家人的民俗文化及其旅游开发》，载《中州大学学报》，2019 年第 36 卷第 4 期，第 55—58 页。

② 莫连凤、李贵楼、周丽红：《北海疍家传统民俗文化与旅游业的互动关系研究》，载《传播与版权》，2017 年第 10 期，第 155—158 页。

③ 翁飞潇、赵婧、陈巧芳：《乡村振兴背景下闽东连家船民产业发展研究》，载《农村经济与科技》，2022 年第 33 卷第 20 期，第 86—88 页。

立进行了时间线的梳理①。第二，从政治、社会等视角出发研究疍民的变迁。疍民社会演进是一个动态过程，在古代社会，疍民因文化与生活形态、政权更替以及社会动荡流寓于江海之上，逐渐被歧视、被边缘化，而当政权稳定时，政府就会采取管理和安置工作，引导疍民群体进入主流社会。新中国成立之后，在党和人民的关怀下疍民族群才逐渐融进主流社会②。但是疍民在经历"洗脚上岸"之后，自身传统文化与外部文化发生碰撞，在摒弃与弘扬之间承担着变迁的文化代价③。第三，从自我认同和他人认同维度阐释疍家人的身份认同。疍民族群构建是一种由权力关系造就的知识体系，其自我认同是政治斗争下反抗的产物和长期泛水而居形成的独特民俗传统的结果，国家权力和主流社会的排斥是疍民"底边"身份形成的重要力量，他者认同最终决定了疍民族群构建④⑤；疍民身份建构与其利用自身文化策略、积极主动重构其身份地位有着深度的关联⑥⑦。

四、疍民研究未来趋势

突现关键词的出现代表着某一关键词在某一时间段频率急剧增加，可以定位学界重点关注的前沿领域，为未来研究的目标和方向提供导向。为了对疍民研究的前沿及趋势进行更加深入的分析，借助 CiteSpace 可视化软件关

---

① 吴建新：《广东疍民历史源流初析》，载《岭南文史》，1985 年第 1 期，第 60—67 页。

② 庞广仪：《广西疍民社会的演进与安置历史探讨》，载《贺州学院学报》，2017 年第 33 卷第 4 期，第 12—18 页。

③ 方礼刚：《三亚疍民的社会变迁——以"洗脚上岸"为变迁时点》，载《海南热带海洋学院学报》，2018 年第 25 卷第 3 期，第 83—91 页。

④ 王华：《幻象与认同：历史上太湖流域渔民身份的底边印象》，载《云南民族大学学报（哲学社会科学版）》，2018 年第 35 卷第 1 期，第 39—45 页。

⑤ 梁文生：《正在消失的水上人家——疍民身份认同浅论》，载《民族论坛》，2018 年第 4 期，第 47—51 页。

⑥ 周俊：《三亚疍民"龙盘古井"的民俗叙事与身份建构研究》，载《湖北民族学院学报（哲学社会科学版）》，2019 年第 37 卷第 6 期，第 146—152 页。

⑦ 周俊：《中华民族共同体意识下世居族群的文化叙事——以海南省三亚市疍民为例》，载《湖北民族大学学报（哲学社会科学版）》，2021 年第 39 卷第 4 期，第 158—168 页。

键词突现度探测功能，生成疍民研究关键词突现图（图 6），其中，为更好地显示关键词突现数量，调整 "Burstness" 参数，将 "γ" 数值设置为 "0.1"，Minimum duration 的数值设置为 2，得到 25 个关键词突现情况。根据图 6 关键词突现统计情况，疍民研究的前沿热点可以划分为三个阶段：第一个阶段为 1954 年至 20 世纪 80 年代。这一阶段出现珠江口、体质特征、常住娘家等突现词。这一时期学者们开始围绕疍民体质特征、婚姻习俗等内容展开研究，黄新美及其合作者在田野调查的基础上对珠江口水上居民的身体情况进行了人类学视角的解读[①]，吴绵吉（1988）[②]、蒋炳钊（1989）[③]等学者共同在 1984 年左右对惠东地区的婚俗进行实地调查，论证长住娘家习俗是因疍民与当地汉人互动而形成的说法没有事实依据。由此促成了这一阶段突现词的出现，使这些突现词逐渐成为这一阶段的热点前沿话题。第二阶段为 20 世纪 80 年代至 2020 年，此阶段宗族、旅游开发、民间信仰、疍家文化、《更路簿》、咸水歌、乡村振兴以及一些诸如珠江三角洲、梧州、南海、海南等地名发生了关键词膨胀。学界的关注点从第一阶段的对疍民的婚俗文化和体质特征的关注扩展到对整个疍家文化的挖掘、保护、传承，并在《国务院关于加快发展旅游业的意见》等文件的指导下探索疍民文化的旅游开发价值和路径，助力乡村振兴，推动疍民研究的应用性、实践性转向。第三阶段为 2021 年至今。这一阶段咸水歌、海南、文化、乡村振兴等关键词持续保持热度，并出现了比较研究、民俗文化等关键词。结合发文量年度趋势图（表 1）可知，2021 年发文数量有下降趋势，突现词数量较少，说明在这个时期里疍民研究遭遇了一些瓶颈问题，学者们集中在对疍家文化的比较研究和民俗文化深挖与开发中，处于研究范式转换阶段和研究内容探索时期，需要新的理论突破和资料挖掘。总之，疍民研究有很大的提升空间，学者们还需加强合作，凝聚力量，拓展研究内容，加快探索步伐。

① 黄新美：《居住环境与人口健康素质——珠江口水上居民群体常见的翼状胬肉的研究》，载《南方人口》，1988 年第 4 期，第 50—51 页。

② 吴绵吉：《惠安妇女长住娘家习俗述议》，载《东南文化》，1988 年第 2 期，第 131—134 页。

③ 蒋炳钊：《惠安地区长住娘家婚俗的历史考察》，载《中国社会科学》，1989 年第 3 期，第 193—203 页。

Top 25 Keywords with the Strongest Citation Bursts

Keywords	Year	Strength	Begin	End	1954 - 2023
珠江口	1954	3.33	1988	1990	
体质特征	1954	2.66	1988	1990	
长住娘家	1954	1.9	1988	1997	
蛋民	1954	2.11	1991	2008	
珠江三角洲	1954	2.23	1998	2008	
梧州	1954	1.97	2003	2005	
水上居民	1954	1.85	2004	2005	
宗族	1954	1.67	2004	2010	
船民	1954	2.17	2005	2013	
旅游开发	1954	1.69	2011	2016	
民间信仰	1954	2.21	2014	2015	
南海	1954	1.65	2015	2019	
疍家文化	1954	4.85	2016	2020	
海南疍家	1954	2.66	2016	2019	
《更路簿》	1954	1.68	2017	2018	
咸水歌	1954	3.41	2018	2021	
他者	1954	2.28	2018	2019	
疍家人	1954	7.38	2019	2021	
海南	1954	2.78	2019	2023	
海南疍民	1954	2.14	2019	2020	
疍家	1954	2.08	2019	2021	
文化	1954	1.66	2019	2023	
乡村振兴	1954	2.84	2020	2023	
比较研究	1954	2.36	2021	2023	
民俗文化	1954	2.02	2021	2023	

图 6　疍民研究关键词突现图

五、述评与展望

研究发现，疍民研究在经历了发展期之后，最近几年发展势头有所下降；疍民研究的作者数量逐年增加，形成了几个较为稳定的合作网络；研究机构主要集中在东南沿海地区，大多数学者来自音乐学院、人文学院、人类学院等二级学院，形成了数个较为稳定的合作网络；从研究方法来说，经济学、民俗学、历史学、社会学、人类学等学科理论的多元化研究推动疍民研究向纵深发展，形成了疍家文化与民俗研究、疍民与海洋文化研究、语言与方言研究、音乐与咸水歌研究、乡村振兴与旅游开发研究、社会变迁与身份认同研究等多个热点研究主题，研究愈发细化和深入，宏观综合研究和微观个案透视均有涉及。

但是，学界对"疍民"主题的相关研究尚存在一些不足。其一，研究视角与方法较为局限。部分研究过于专注于疍民历史、文化、社会的静态描

述，缺乏对其动态变化和发展趋势的深入分析。根据研究结果可知，学界对
疍民研究的视角与方法较为固定，各学科作者之间的合作交流较少，跨学科
学术思维的碰撞不足，缺乏跨学科交叉研究的综合视野。大多学者专注于对
某一地域的个例研究，对疍民进行整体研究和比较研究的文献较少，整体
性、规律性的研究有待强化。其二，研究区域与保护类别不平衡。现有疍民
研究主要集中在广东、海南、广西等地，却鲜少对港台、朝鲜半岛等地疍民
展开研究。除此之外，疍民族群的文化研究主要集中在咸水歌的音乐性分析
上，研究范围较小，对疍民其他文化的关注度不足，对一些濒危历史资料的
挖掘和一些与周围文化融合趋同走向衰亡的疍民文化保护力度较少。其三，
研究力量和资源有限。虽然该领域研究时间较长，但是无论是从发文量、发
文作者，还是研究机构来看，都可以看出学界对疍民研究的关注度相对较
少。作者和机构之间的交流合作不足，直接导致了疍民研究的学术影响力及
学界的重视程度不充分，基于以上问题，未来研究者和相关部门可从以下几
个方面努力。

（一）对疍民相关资源进行抢救性调查研究

疍民人口数量的减少、方言的逐渐同化、文化的逐渐消亡，敲响了保护
传承的警钟。虽然已有不少学者为抢救疍民文化、疍家话做了不少努力，挖
掘整理了不少文献资料和刊发了专业性的研究成果，但是现阶段，在研究内
容上，资料不够全面、地域不够广泛等问题依旧存在，需要学者们坚守学术
职责，调动对疍民的研究热情，增加实地调查和参与式研究，收集、整理并
归档有关疍家文化的历史记录、民族志、学术论文、口述资料等文献资料，
将田野调查与历史文献、艺术作品等资料相结合，弥补疍民研究资料库的不
足，使该研究基础更丰富、更扎实、更有说服力。随着经济开发的现实需要
以及疍民从海上到岸边的生活方式变迁，对高度濒危的文献资料的挖掘和保
护成为疍民研究的重要议题，未来疍民研究可以在进行旅游开发的过程中，
运用文化展演、活态博物馆、数字化转化等方式实现对疍民文化内容的再传
承，使研究向应用拓展，向实践落地，切实助力疍民资源的抢救。当然，需
要注意的是，应更加注重对疍民语言和文化的原生态保护，使其在现代经济
发展需求下尽量保持原有状态，尊重文化的"原汁原味"，保持其独特性。

（二）推动研究成果更具系统性、整体性，建立"疍家学"

疍民在东南沿海省份分布较广，而今的疍民研究还多为单个地区的研究，研究成果未具系统性，需要以更加系统、整体的眼光对疍民现有资料进行研究，加深各地之间疍民资料的比较，挖掘异同，全面揭示疍民文化的发展规律，深入了解疍家人的生产、生活、信仰、价值观等，推动疍家文化的传承和发展。2014 年，在三亚举办的首届三亚疍家文化论坛中，海南大学文学院教授周伟民率先提出建立一个独立的"疍家学"学科的学术倡议，以便综合、立体地对疍家文化展开研究。中山大学教授司徒尚纪认为疍民有一整套自成体系的、稳定的、独特的风俗习惯，具备成立"疍家学"的资料基础和社会需求。以建立"疍家学"为方向，组建具有丰富学科研究经验和严谨学术素养的专家团队，在相关高校或研究机构建立与疍家研究相关的课程体系，组织开展疍家文化相关的研究项目，积极促进学术会议的开展，为疍民研究的区域联系搭建广阔平台，提高疍民研究在学术界的影响力。

（三）拓宽研究视角，建立跨学科交叉研究的综合视野

通过对疍民研究的核心作者学科分布情况进行考察以及文献查证，了解到当前学界对于疍民研究的学科视野较固定，主要从民俗学角度对疍民文化进行文化解读，从历史角度对"疍"的来源和疍民的社会变迁进行考证，从人类学角度对疍民的文化与经济互动展开探索，从音乐学角度对疍家歌进行种类、音乐特征、音乐结构的分析，从旅游学角度探索疍民文化的开发与传承路径。经过对学科视角的整理以及作者与研究机构之间的学术合作情况可知，今后的研究可以扩展建筑学、教育学、经济学、社会学等学科视角，吸引各学科的研究力量加入，运用其他学科理论框架和研究方法加入疍民研究，建立跨学科交叉研究的综合视野。研究者可以更加系统的视角丰富居住环境的建筑解读、疍民与现代社会的互动与影响、疍民文化与社会变迁之间的关系、疍民内部的权力结构和社会组织以及非物质文化遗产的教育传承等研究内容。同时，研究者也需要从动态变化的角度思考疍民的现存问题和未来发展，更全面地理解和揭示疍民社会的多样性和复杂性。

海南渔民的海洋文明初探[①]

陈　强[②]

【内容提要】海南渔民的海洋文明是指海南渔民（以文昌和潭门渔民为主）进行南海远航，前往南海诸岛，从事海上捕捞、海上贸易和住岛活动这一过程中所创造的海洋文明。海南渔民在创造海洋文明的过程中为形成和维护中国对南海诸岛及其附近海域的主权和海洋权益做出了杰出的贡献。建设海洋文明是"海洋强国"和"海洋强省"的关键，因为海洋文明孕育了流动、开放、开拓、探索、自由、平等、民主、商业和财富。海南要实现从海洋大省转变为海洋强省，需要海南人的思想观念的更新，而挖掘、研究和宣传海南渔民的海洋文明，将有助于实现海南人的思想观念的更新。

【关键词】海南；渔民；海洋文明

海南渔民的海洋文明是指海南渔民（以文昌和潭门渔民为主）进行南海远航，前往南海诸岛，从事海上捕捞、海上贸易和住岛活动这一过程中所创造的海洋文明。海南渔民的海洋文明是中国海洋文明的重要组成部分，也是南海航海文化的重要内容。海南渔民在创造海洋文明的过程中为形成和维护中国对南海诸岛及其附近海域的主权和海洋权益做出了杰出的贡献。海南渔民的海洋文明有很高的研究价值，然而目前尚未有学者专门对此进行深入研究，相关研究成果甚少。笔者在此尝试对这个问题进行比较深入的研究，以期达到抛砖引玉的效果。

---

① 基金项目：2023 年度海南省哲学社会科学规划课题"海南海洋治理现代化与南海开发利用研究"（HNSK(YB)23-59）、2023 年度海南省高等学校科学研究项目"海南黎族融入现代社会与发展变迁研究"（Hnky2023-38）、三亚市 2022 年度哲学社会科学规划课题"自贸港背景下三亚乡村现代文化建设研究"（SYSK2022-06）。

② 作者简介：陈强，三亚学院社会学教授，博士。

一、海南渔民远航前往南海诸岛的肇始

1974、1975 两年，广东省博物馆和海南行政区文化局的文物考古队员先后两次到西沙群岛进行考古，在甘泉岛试掘时发现了一处唐宋时期的居住址①。历史学家王恒杰教授认为该遗址遗物"全是唐、宋时期渔民在岛上生产生活、搭棚营居的遗留。它和其后在甘泉岛上所发现的瓮棺葬的遗存，属同类性质，都是大陆上按季节来岛生产的渔民的遗物。证明直到 1949 年，海南和华南渔民，每年春后到南海诸岛捉螺捕鱼历史传统的久远"②。此外，南方出版社 2012 年出版的《三沙文物》一书中有大量的资料证实：海南岛的渔民自唐宋以来就有人居住在西沙和南沙群岛上。③

图 1　20 世纪 70 年代广东省考古工作者和守岛战士在西沙甘泉岛上发掘文物遗址（图片来自 2015 年 5 月 25 日《海南日报》）

而在唐朝，随着"广州通海夷道"的开辟，来自大陆的海南岛汉族移民增加了 7 万多人。主要来自闽南漳泉一带的渔民在文昌定居。④除了出海下

---

① 参见广东省博物馆：《谈西沙群岛古庙遗址》，载《文物》，1974 年第 10 期。何纪生：《谈西沙群岛古庙遗址》，载《文物》，1976 年第 9 期。

② 王恒杰：《从边疆到海疆》，沈阳：辽宁民族出版社，2013 年，第 319 页。

③ 郝思德：《南海诸岛古代文物遗存初步研究》，收录于许俊主编《三沙文物》，海口：南方出版社，2012 年，第 84—85 页。

④ 文昌市地方志编纂委员会编：《文昌县志》，北京：方志出版社，2000 年，第 98 页。

南洋，有部分文昌汉族渔民南下迁移到与文昌相邻的琼海。例如琼海潭门镇老船长苏德柳的家谱显示他们家是很久以前从福建迁来的。

综合上述史料，我们可以判断：在唐宋时期，海南文昌和潭门的渔民已开启南海远航，来到西沙和南沙群岛，从事海上捕捞，在岛上居住。

不过，据潭门渔民讲述，他们的祖先最早是在元朝时期开始远航，去到西沙和南沙群岛捕鱼。例如潭门老船长许书琳在接受采访时说：潭门渔民"有一位名叫符再德的，是第一个到南沙捕鱼的，那是 1286 年（元朝至元二十三年），这是代代相传的说法。我记得很准确！可惜他没有后代。"

笔者认为，潭门渔民讲述的最早的潭门渔民去到西沙和南沙群岛捕鱼的朝代可能不够准确，应该不是元代，而是宋代甚至唐代。元代紧接着唐宋，潭门一代又一代渔民的记忆出现偏差也是可以理解的。

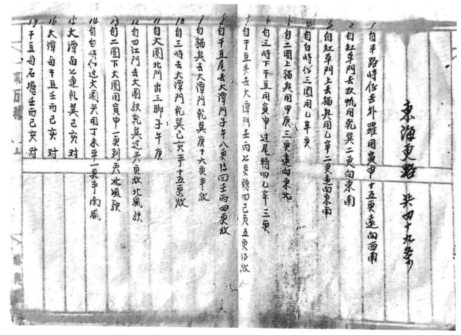

图 2 《东海更路簿》（海南省博物馆存）

唐宋时期文昌和潭门渔民的南海航海处于初期开拓阶段。在这一阶段，海南民间南海航海主要是为了寻找新的渔场和资源。通过南海航海探索，他们发现了西沙和南沙群岛，并登岛进行捕捞和居住。他们对后来的南海航海的探索起到了先驱作用。

自唐宋以来，海南文昌和潭门渔民为捕捞的生计而进行了无数次南海航海活动。他们来到了西沙、南沙群岛以及中沙群岛的黄岩岛。在航海过程中，他们认真记录了航向、航线、航程、航行时间、海上风向、海洋特征、岛屿位置、岛屿和礁石的俗名、形状、大小、方位、距离等信息，最后形成了海南渔民南海航行记录手册——《更路簿》。手抄本《更路簿》出现于明初，在文昌和潭门渔民中广泛流传，成了海南渔民的南海航行指南。它大大提高了渔民南海航行的效率，减少了迷航和航行的各种风险。《更路簿》流传使用至今，出现了许多不同版本的手抄本。现今存世的有 30 多种手抄本。

二、海南渔民在南海上从事的活动

（一）捕捞活动

文昌市位于海南岛东南角，海岸线很长，而东郊、铺前、清澜三镇所在地皆为珊瑚礁滩形成的被沙子覆盖的海边，土壤很少，难以耕种，不适合发展农业，而三地的海边是天然的进行捕捞的理想场所，随随便便捕捞，就能有不少收获。琼海市位于海南岛东部，海岸线较长，与文昌接壤。与东郊、铺前、清澜三镇相比，琼海潭门镇①的地形更加特殊：旁边是延伸几千米的浅海，浅海离岸半海里的地方有一个长达几千米的看起来像蚕的珊瑚礁，它有效地阻挡了来自远海的巨浪，使珊瑚礁内的浅海风平浪静，非常适合捕捞。这真是"老天爷赏饭吃"！

很早以来，为了生计，东郊、铺前、清澜三地和潭门的渔民就开始在海边捕捞，发展渔业。然而，时间一久，他们就不再满足于近海捕捞的收获。凭着耕海经验，他们判断远海的鱼类资源更丰富，品种更多，数量更大。他

---

① 潭门港的历史久远。今潭门镇位于琼海市东部沿海，全镇行政区域面积为 89.5 平方千米，海岸线全长 18 千米，辖 14 个村委会，220 个村民小组，人口约 2.8 万人，人民亦渔亦农亦商，是滨海侨乡。潭门，原先是潭门墟，于清代道光年间渐成集市，初称九吉市，后称潭门市。滨潭门港，故名。1973 年遭台风袭击，旧墟铺宇全部倒塌。全镇徙旧县坡建设新墟，至今已发展成为一座繁荣兴盛的现代化墟镇。全镇以农业为主，发展海洋捕捞，沿海养殖对虾、鲍鱼，种植菠萝、荔枝、胡椒、槟榔、椰子、反季节瓜菜、水稻等，工业以贝壳加工为主。（参见周伟民、唐玲玲：《南海天书——海南渔民"更路簿"文化诠释》，北京：昆仑出版社，2015 年，第 85 页）

们逐渐有了航行到远海捕捞的想法和渴望。于是，他们的南海远航实践就开始了。

文昌和潭门渔民远航来到西沙、南沙群岛以及中沙群岛的黄岩岛的附近海域，主要捕捞经济价值高的海产品，包括海参、公螺（马蹄螺）、海龟、海人草、砗磲、牡蛎（蚝）等。他们很少捕鱼，是因为捕鱼有不容易保鲜储存的缺点，而且鱼的价格比较低。即使捕鱼，也是为了补充食物和营养，当天就会吃掉。

（二）海上贸易

"过去卖鱼，赚不了几个钱，而南海的海产品可不一样了，一船砗磲拉回来，几万甚至十几万！"① 挖砗磲、割海参、捡公螺（即马蹄螺），被潭门渔民称为"潜水捞三宝"。捕捞到的品相好的海产品，一般要运到新加坡、马来西亚、泰国等东南亚国家销售，然后用销售款购买当地的洋油、布匹、火柴等海南岛紧缺日用品，运回海南岛销售。而那些品相较差的海产品则要直接运回海南岛处理，售价较低。

潭门渔民在从事海上捕捞的同时，也会关注海产品的商业行情。比如，当他们了解到用马蹄螺的壳制作的飞机的机身涂料不容易脱落，马蹄螺的壳在新加坡行情看好，就改变了以往只卖马蹄螺肉的做法，马蹄螺肉和壳同时卖。而且，潭门渔民加大对马蹄螺的捕捞力度，其他海产品的捕捞逐渐位于次要地位。

长年居住在西沙群岛从事渔业生产的渔民也注意捕捞经济价值高的海产品。"永兴岛的老渔民介绍，当他回到海南岛，别人看他赚钱多，也随他来住岛。通过一带一的形式，一个小岛从最初的几人发展为几十上百人的渔民聚落。"②

为了运输更多的渔货去东南亚国家售卖，并拉回更多的海南岛紧缺的日用品，潭门渔民用于远航到西沙和南沙群岛以及中沙群岛的黄岩岛的渔船有

---

① 周伟民、唐玲玲：《南海天书——海南渔民"更路簿"文化诠释》，北京：昆仑出版社，2015 年，引言第 6 页。

② 刘莉：《岛礁、聚落和住岛渔民——以西沙岛礁为中心的海洋人类学考察》，载《南海学刊》，2020 年第 2 期。

越造越大的趋势：从起初的单桅、十数吨船，到二桅或三桅的风帆船。二桅船载重达二三十吨，在甲板上一般放四只舢板，而三桅船载重达三四十吨，在甲板上一般放五只舢板或七只舢板。

如果是短期（一个月）出海，潭门一艘渔船一次的航海收入大约有 10 万元，船员分六成，船主拿四成。"在潭门镇论及死于海难者，常常可以听到'捕鱼是他一生所爱'、'他死于热爱的工作'等等，但大体来说，这些话是用来安慰生者的。不可言说的危险，以及冒完风险之后活下来能够得到的经济回报也许是这个行当保存至今的最大动力。一个渔民出海一次差不多会带回来一万元的收益。他们每年出海三到五次。"①

（三）住岛活动

自唐宋以来，海南文昌和潭门渔民进行南海远航，到达西沙和南沙群岛以及东沙群岛的黄岩岛，从事海上捕捞，将渔货运到新加坡、马来西亚、泰国等东南亚国家销售。过去海南渔民驾驶的是帆船，以季风为动力，出远海一趟耗时长（约半年），因此，海南渔民需要阶段性地住在西沙和南沙群岛中的一些具备居住条件的岛屿上（黄岩岛的水产资源很丰富，但不具备居住条件），以方便进行渔业生产，也便于劳作之后的休息和生活。这样，这些岛屿就成了海南渔民的半个家，因为出海半年左右，还是要返回海南岛。

久而久之，一些海南渔民干脆就长住在岛上，以便于有更多的时间进行渔业生产，当然也有习惯了和喜欢上了住岛生活的因素。他们不想返回海南岛了，或很久才回去一次。他们所住的岛屿成了他们完整的"家"，他们也成了这些岛屿完整的"主人"。"潭门港的渔民都说，南海是潭门渔民的第二故乡。渔民中的大多数都去了西沙、南沙群岛，但不是所有的人都同时回来，三四十人出去，每次回来的只有十几二十个人，有十人左右住在西沙，其余十几个人住在南沙。"②

考古学家、中山大学何纪生教授在他 1981 年发表的论文《海南岛渔民

---

① 王銮锋：《渔民述南海捕鱼：为生存向邻国占领岛屿士兵送礼》，载《南方都市报》，2012 年 5 月 16 日。

② 《南海更路簿——中国人经略祖宗海的历史见证》编委会：《南海更路簿——中国人经略祖宗海的历史见证》，海口：海南出版社，2016 年，第 178 页。

开发经营西沙、南沙群岛的历史功绩》中指出，"每年夏秋季节，西沙、南沙群岛都有猛烈的台风或强风，使渔船不能进行正常活动。为了争取这半年生产时间，很久以前就开始有渔民上岛居住，使季节性生产发展到常年生产。当然，往昔每年冬春二季渔民也要上岛，如捕海龟、晒肉干、取淡水柴草、祭祀以及种植椰树等，然而这和常年住岛毕竟不同。渔民住岛，每岛一般三五人，需储备半年以上的粮食和用品，到冬季才能补充给养。西沙、南沙群岛各岛屿凡有淡水者，几乎都有我国渔民住过，如西沙群岛的东岛、永兴岛、北岛、赵述岛、南沙洲、深航岛、晋卿岛、珊瑚岛、甘泉岛和金银岛，南沙群岛的北子岛和南子岛、太平岛、中业岛、南钥岛、南威岛、安波沙洲、西月岛、马欢岛等岛屿，均有海南岛渔民居住过。有些岛相距较近，渔民住在一地，同时照顾周围地区的生产，如西沙群岛的北岛、中岛、南岛，渔民仅住北岛。住岛期间，渔民乘舢板在海上活动，继续进行各项作业。由于在岛上常住，也就增加了一些在陆地上进行的生产项目，如捕捉海鸟、种植果木、蕃薯、玉米、蔬菜和饲养家禽等。据调查，曾经住岛生产的渔民人数甚多，不少老渔民至今仍健在。他们住岛的时间长短不等，少者一二年，多者十几年，如文昌县龙楼公社渔民符宏光在南威岛住了八年，陈鸿伯在南子岛等地住了十八年。"[①]

住岛的海南渔民将西沙和南沙群岛当成了自己的第二家园。他们自由自在地安排自己的捕捞活动，努力解决住房、淡水、食物、消遣、娱乐、人际交往等问题，过着比较艰苦的生活。三沙市成立后，住岛渔民的生活才有了根本的改变，生活环境和生活条件有了极大的改善，岛民们过上了较为舒适的生活。

三、海南渔民的海洋文明因素

中国边疆研究专家李国强曾指出："有人说，有潭门镇是中国的幸运。这里有'能看罗盘、望星象、辨海流'的真正的船长。这里的渔民拥有海洋文明的核心精神：敢冒险、敢向陌生领域前进、敢冲破束缚，追求自由。这

---

　　① 何纪生：《海南岛渔民开发经营西沙、南沙群岛的历史功绩》，载《学术研究》，1981 年第 1 期。

里尚存一息海洋文明精神。"①李国强从 20 世纪 90 年代以来，去潭门镇不下几十次，与当地渔民成为朋友。"他发现他们身上体现出来的精神气质，相比内地人要充分得多。比如勤劳勇敢，吃苦耐劳。"②

海南文昌和潭门渔民身上体现着以下诸多海洋文明的因素：

（一）爱流动

海南文昌和潭门渔民本就是唐代迁移到文昌的闽南漳泉一带的大量渔民的后裔。这些来自福建的渔民有很多后来"下南洋"，成了东南亚国家的华侨。《文昌县志》对此的记载是：唐朝时期，部分"居住在岛东的文昌人利用航海之便，随船到南洋谋生，成为最早的'住蕃'，其后裔成为当地的'土生唐人'"③。剩下的来自福建的渔民在文昌定居发展，其中又有部分人后来迁徙到与文昌接壤的琼海潭门，在那里生根发芽，开枝散叶，茁壮成长。

始自唐宋，文昌和潭门渔民为了生计，开始进行南海远航，来到西沙和南沙群岛以及中沙群岛的黄岩岛及其附近海域，进行海上捕捞，然后将渔货运往新加坡、马来西亚、泰国等东南亚国家售卖。在这过程中，又有一些渔民选择留在东南亚国家，或留在岛上长期居住，成为住岛渔民。

可见，爱流动是文昌和潭门渔民的一大特点。可以说他们的生活轨迹和人生轨迹是变动不居的，是一条条抛物线。就这点而言，他们与内陆从事农耕的农民有很大的不同。农民通常受到所耕作土地的束缚，面朝黄土背朝天，很少流动，一般不会迁移到其他地方去谋生发展，而社会制度和国家统治者为了管理和控制农民，也倾向于将农民禁锢于所耕作的土地上，不允许农民自由流动，让农民安分守己。可以说过去农民的生活轨迹和人生轨迹基本上是一个不会移动的点。

---

① 陈莉莉：《李国强：每个渔民都是一部历史》，载《南风窗》，2019 年第 2 期。
② 陈莉莉：《李国强：每个渔民都是一部历史》，载《南风窗》，2019 年第 2 期。
③ 文昌市地方志编纂委员会编：《文昌县志》，北京：方志出版社，2000 年，第 98 页。

（二）开放精神

与爱流动相对应，文昌和潭门渔民具有一种开放精神。他们绝不封闭保守，而对外界保持一种开放的态度。他们愿意接触外部世界，接受和学习新鲜事物，愿意改变自己的生活处境，愿意接受挑战，敢于跳出原来的生活圈，去寻找更好的生存环境和发展空间。与他们相反，过去内陆的农民一般是封闭保守的，对外界有一种"关门"的态度。他们不太愿意接触外部世界，也不怎么愿意接受和学习新鲜事物。他们固守自己耕作的土地，很少有人敢于跳出自己的生活圈，去寻找更好的生存环境和发展空间。

（三）开拓意识

文昌和潭门渔民有一种很强的开拓意识。他们的福建祖先不满足于原来的生存环境，敢于走出去，从海路乘船到海南文昌，在文昌找到新的生存环境和发展空间。后来又有部分文昌渔民不满足于文昌的生存环境，于是"下南洋"，或南下迁徙到琼海潭门，去寻找新的生存环境和发展空间。而文昌和潭门渔民也不满足于近海捕捞的收获，他们进行南海远航，去到西沙和南沙群岛以及中沙群岛的黄岩岛，从事海上捕捞，把渔货运往南洋国家销售。在捕捞和销售过程中，渔民登岛居住，将岛变成半个家。后来一些渔民干脆不返回海南岛，长期居住在岛上，将岛变成一个完整的家。文昌和潭门渔民的一系列行动，充分体现了他们的开拓意识。

（四）探索精神

在唐代，当文昌和潭门渔民的福建祖先决心要逃离他们的生存环境，出去闯荡时，他们并不太了解哪里才是适合他们生存和发展的地方，是他们的"乐土"。他们乘船南下，一直前行，直到到达海南岛东北部的文昌。他们凭直觉认为这是一个很不错的地方（当时文昌地广人稀，政府管理比较松弛）。于是，他们登岛上岸，定居于此。

后来，又有一部分"不安分"的文昌渔民走出了文昌，去寻找新的生存环境和发展空间，当时他们也不太确定哪里才是更适合他们生存和发展的地方。其中一部分"下南洋"，来到新加坡、马来西亚、泰国等东南亚国家，从此定居，成了华侨，这时他们确定了自己定居的国家是更适合自己生存和发展的地方。

其中另一部分南下乘船来到邻近的琼海潭门，于是登陆上岸，从此定居，成了潭门渔民，这时他们确定了潭门是更适合自己生存和发展的地方。而当文昌和潭门渔民不满足于近海捕捞的收获，要出远海捕捞时，他们其实也不太确定能否找到理想的捕捞场所。直到他们驾驶风帆渔船南下，一路探索，来到西沙和南沙群岛以及中沙群岛的黄岩岛，他们才发现那里的海域是"天赐"的绝佳的捕捞场所。由此可见，文昌和潭门渔民的身上有一种浓浓的探索精神。

（五）冒险精神

当文昌和潭门渔民的福建祖先告别故土，出海闯荡时，他们知道自己将遭遇各种危险和风险，很有可能遭遇不测，甚至丢掉性命，可谓"九死一生"，但他们做好了准备，愿意去冒这些险。当文昌渔民决心"下南洋"去"讨生活"时，他们也知道自己将碰到各种危险和风险，轻则吃苦，重则丢命，但他们也做好了准备，愿意去冒这些险。当文昌和潭门渔民不满足于近海捕捞的收获，决心出海闯荡，到远海去捕捞时，他们同样知道自己将面临各种危险和风险，很容易船毁人亡，葬身鱼腹或海底，但他们毫不畏惧，敢于冒险。

当他们探索清楚了去往西沙和南沙群岛以及中沙群岛的黄岩岛的航线以及那些岛屿附近海域的丰富渔业资源后，前往南海远海捕捞成了他们的固定生计。然而，每一次出海都意味着仍要面对各种危险和风险，很有可能是一次有去无回的"不归路"，但他们坦然面对，从容前行。

（六）勇气

勇气是文昌和潭门渔民的一个显著的品质。如果没有勇气，他们的福建祖先就不会冒着各种不可预知的危险和风险，逃离家乡，乘船出海，来到海南文昌。如果没有勇气，文昌渔民也不会冒着各种危险和风险，选择"下南洋"去"讨生活"。如果没有勇气，文昌和潭门渔民更不会冒着各种危险和风险，选择出远海闯荡，探索新的渔场，从事海上捕捞。潭门渔民有三句口头禅："再大的风浪也是船底过！""宁可死在海里也不死在家里！""踏平南海千顷浪!"

（七）财富观念

文昌和潭门渔民从不讳言他们对财富的重视、热爱和追求。他们好像没怎么受到儒家"君子喻于义，小人喻于利""重义轻利"思想的影响。在他们眼里，财富是一个人、一个家庭生存和发展的基础；只有有了足够的财富，才能提高生活水平和生活质量，过上想要的生活。因此，在他们看来，追求财富、赚钱是天经地义的，是人的"天赋"权利。

为什么他们不满足于近海捕捞的收获，要去远海捕捞？其中一个原因是近海的海域不够广和深，且容易受到人类活动的影响乃至破坏，渔业资源有限，品种和数量都不多，其中经济价值高的更少，而远海的海域既广又深，给各种海洋动植物提供了足够大的生存空间，且没有受到人类活动的影响和干扰，那里的渔业资源自然非常丰富，品种和数量都很多，其中不乏经济价值高的品种。潭门船长有言："哪里有钱赚，船头就指向哪里。"[①]

（八）商业意识

与他们的财富观念相对应，文昌和潭门渔民有较强的商业意识。他们出远海捕捞，绝不是为了捕鱼，因为鱼不容易保鲜储存，而且鱼的价格不高。他们是为了捕捞经济价值高的海产品，包括海参、公螺（马蹄螺）、海龟、海人草、砗磲、牡蛎（蚝）等。"过去卖鱼，赚不了几个钱，而南海的海产品可不一样了，一船砗磲拉回来，几万甚至十几万！"[②]挖砗磲、割海参、捡公螺（即马蹄螺），被潭门渔民称为"潜水捞三宝"。

潭门渔民在从事海上捕捞的同时，也会关注海产品的商业行情。比如，当他们了解到用马蹄螺的壳制作的飞机的机身涂料不容易脱落，马蹄螺的壳在新加坡行情看好，就改变了以往只卖马蹄螺肉的做法，马蹄螺肉和壳同时卖。而且，潭门渔民加大对马蹄螺的捕捞力度，其他海产品的捕捞逐渐位于

---

① 周伟民、唐玲玲：《南海天书——海南渔民"更路簿"文化诠释》，北京：昆仑出版社，2015 年，引言第 12 页。

② 周伟民、唐玲玲：《南海天书——海南渔民"更路簿"文化诠释》，北京：昆仑出版社，2015 年，引言第 6 页。

次要地位。

文昌和潭门渔民将捕捞到的渔货运往新加坡、马来西亚、泰国等东南亚国家销售。为何运往这些国家，而不是其他国家或海南岛？这是因为这些东南亚国家离渔场最多、渔业资源最丰富的南沙群岛以及中沙群岛的黄岩岛都比较近，而且在这些国家，海南渔民捕捞到的渔货能卖到较高的价格。海南渔民在卖完渔货后，还会在当地购进海南岛紧缺的洋油、布匹、火柴等商品，运回海南岛销售，再赚一次钱。

（九）理性精神

文昌与潭门渔民的身上闪耀着一种理性精神的光芒，他们善于独立思考，很有主见和独立性。当年他们的福建祖先离开家乡是经过了深思熟虑之后才做出的决定，而不是心血来潮。他们也许是想躲避官府的压榨，也许是对自己的生存环境产生了不满，想换个环境。当他们考虑清楚后，毅然决然地告别故土，出海闯荡，再也不回头。他们将这种理性精神带到了文昌、潭门、南洋和南海诸岛，他们的以捕捞为生计、出远海捕捞、将渔货销往南洋、在南洋购进海南紧缺的日用品运回海南岛销售、在南海诸岛停留和定居、移民到南洋国家等一系列行为都是他们理性思考之后自主做出的重大选择。

也许有人会说：既然他们有很强的理性精神，为什么他们还信奉和祭拜一百零八兄弟公？其实，后者是他们的一种信仰，理性和信仰并不矛盾，可以共存，因为德国古典哲学家康德早就指出：建立在理性的基础之上的科学并非万能，我们不能用科学方法（如实验、观察等）证明人们信仰的神灵存在，同样也不能用科学方法证明这些神灵不存在，也就是既不能证真，也不能证伪，所以超自然神灵是否存在不是一个科学问题，而是一个信仰问题。[①]信仰某种超自然神灵的人并不需要用科学方法证明超自然神灵的存在，他们只需要在心中相信超自然神灵存在就可以了。因此，信仰和理性可以共存，信仰在理性的边界之外，信仰和理性都是人的精神的重要组成部分。换个角度说，人们对超自然神灵的信仰可以给人们一种极大的心理安慰

① 陈强：《中国原生民主的范本——海南黎族乡村自治文化传承研究》，纽约：世界华语出版社，2021年，第104页。

作用，另外对神灵力量的虔诚相信可以给人们某种信心、勇气和力量，去战胜各种艰难险阻，取得成功。

海南历史文化研究专家周伟民教授指出，潭门"渔民将普遍性的海洋信仰和本土的精神资源相磨合，让本地渔民出海有安身立命的安全感！"①

（十）富于智慧

文昌和潭门渔民的福建祖先当年离开故乡，去寻找更好的生存环境和发展空间，可以说是一个明智的选择。正是有了当年的出走，才有了后来文昌和潭门渔民的精彩故事和光辉成就。

文昌渔民"下南洋"和南下迁徙到潭门，也是明智的选择，因为他们寻找到了更适合自己的生存环境和发展空间。

文昌和潭门渔民以捕捞为生计，出远海捕捞，将渔货销往南洋国家，在南洋国家购进海南紧缺的日用品，运回海南岛销售，在南海诸岛上停留和定居等一系列行为也是明智的选择，因为他们过上了自己想要的生活。

文昌和潭门渔民创造的"南海天书"——《更路簿》更是他们的智慧的结晶。《更路簿》其实是文昌和潭门渔民的南海航海记录手册。它记录了航向、航线、航程、航行时间、海上风向、海洋特征、岛屿位置、岛屿和礁石的俗名、形状、大小、方位、距离等信息。手抄本《更路簿》出现于明初，而在这之前，文昌和潭门的船长在南海航行时，有记录航海活动中的各种信息的良好习惯，因此可以说，当时这些船长头脑中已经有了无形的《更路簿》。后来有文化水平较高、文字表达能力较强的船长把头脑中的《更路簿》记下来，这就有了手抄本《更路簿》。它的出现，大大提高了海南渔民南海航行的效率，减少了迷航和航行的各种风险。

（十一）自由精神

匈牙利诗人裴多菲曾写了一首诗《自由与爱情》："生命诚可贵，爱情价更高。若为自由故，二者皆可抛。"美国人帕特里克·亨利1775年3月23日在当时英国的殖民地弗吉尼亚州议会的演讲的最后一句是："不自由，毋

---

① 周伟民、唐玲玲：《南海天书——海南渔民"更路簿"文化诠释》，北京：昆仑出版社，2015年，第106页。

宁死"（Give me liberty or give me death）。这些都说明了自由的可贵。

　　如果让文昌和潭门渔民在自由和生命中选一个，他们很有可能会选择自由，因为他们有一种强烈的自由精神，也不畏惧死亡。

　　文昌和潭门渔民社会是一个流动的社会，爱流动是他们的一大特点。其实，流动性也是他们的自由精神的一个社会基础。人类学学者王利兵认为："在我们的农业社会当中，我们是一个半身插在土地里的社会。我们是一个生于斯、长于斯、死于斯的社会，所以流动性是比较低的。在这样一个社会当中，我们更看重的是什么？是规则，是权威，要长幼有序。"①也正因为如此，在过去的农业社会中，农民的自由程度是很低的。而由于文昌和潭门渔民社会是一个流动的社会，渔民就可以受到比内陆农民更少的束缚，可以有更大的自由度。

　　当年文昌和潭门渔民的福建祖先坚决地离开家乡，要迁徙到海外，很有可能是因为遭受了当地官府或豪强的压榨，难以生存和发展，便决定离乡出走，这就体现了一种自由精神。他们选择迁徙到海南文昌，大概是因为当时文昌地广人稀，官府管理松弛，他们定居于此，受到的束缚会比较少。

　　后来一部分文昌渔民选择"下南洋"或南下迁移到琼海潭门，是因为他们要寻找更适合自己的生存环境和发展空间。

　　文昌和潭门渔民选择以捕捞为生计，除了文昌和潭门适合农耕的土地很少这个原因以外，他们偏爱渔业而不是农业也是一个重要原因。在他们看来，农民受到的束缚很多，而渔业相对而言比较自由，可以自主安排捕捞时间、次数、捕捞的种类等等。

　　文昌和潭门渔民选择出远海捕捞，将渔货销往南洋国家，在南洋国家购进海南紧缺的日用品，运回海南岛销售，是因为他们想获取更多的财富，过上更好的生活。

　　文昌和潭门渔民的一部分选择留在西沙和南沙群岛上定居，成为住岛渔民，是因为他们想独自在岛上进行捕捞作业，自由度比"联帮出海"更高，另外也是因为他们想过一种清净自在、受干扰很少的岛上生活。

---

　　① 王利兵：《从自由流动，到边界越发清晰：潭门渔民与南海》，https://mp.weixin.qq.com/s?__biz=MzI5MDM0MjkwNQ==&mid=2247517745&idx=1&sn=5fa933cc4f217714f0d891ede4ae2a92&chksm=ec2394a7db541db19e1ffd03b452e5373668269f3ca23647a4a518508f4b675bd699cf8c9fdb&scene=27。

以上这些选择都充分体现了文昌和潭门渔民的自由精神和他们对自由的热爱。

（十二）平等精神

当年文昌和潭门渔民的福建祖先远走他乡，除了有对更好的生存环境和发展空间以及个人自由的诉求，也有对平等的强烈诉求，也许是地方的苛捐杂税和繁重徭役让他们感到了极不平等，于是选择了出走。他们选择地广人稀、官府管理松弛的文昌作为迁徙地，除了能得到更多的自由，也能得到更多的平等，他们受到的官府的压榨会比较少。

文昌和潭门渔民选择以捕捞为生，也是因为这个行当比较平等，捕捞的收获取决于个人的努力和运气，而跟身份地位无关，另外要交的水产税相对较少，且不用像农民那样，除了交农业税，还要承担各种徭役。

文昌和潭门渔民"联帮出海"的海上捕捞方式也体现了平等。除船长外，船员的收入跟他们的工作重要程度和贡献挂钩，而与他们的身份地位无关。船长与船员的收入不同，是因为他一般是船主（即渔船所有人），但是他也会提前与船员们商量好工资以外的分成比例，这其实也蛮平等的。此外，船上人员之间的关系是平等的：船长和船员的关系是合同雇佣关系，权利和义务对等；船员之间是工作伙伴关系。再者，住岛渔民之间的关系也是平等的，大家平等相处，共享岛上的资源，结成一个渔民聚落。

（十三）民主精神

只有在一个民主的制度下，自由和平等才有可能生长。福建祖先选择定居文昌，文昌和潭门渔民选择以捕捞为生，就是希望不被控制和压迫得太厉害，而当时的国家政治制度属于皇帝专制制度。

文昌和潭门渔民"联帮出海"进行远海捕捞，采用的是民主管理的方式。"帮主"由所有船员民主选举产生。船长和船员的关系不是统治者与被统治者的关系，而是合同雇佣关系。出海之前，船长会召集本船全部船员开会，商定各项事情。出海后，船长根据工作需要来履行自己的职责，来管理全体船员，安排各种事务，船员们也履行各自的职责，接受船长的管理和安排。

一些文昌和潭门渔民定居于西沙和南沙群岛，形成的住岛渔民聚落是一种自由平等的组合，没有首领，也没有管理者，更没有专制的可能。

人类学学者王利兵认为："海洋社会的流动性非常强，他们更看重的是什么？是经验和能力，而不是年龄和辈分，所以海洋社会是一个更加民主平等的社会，这也是为什么说海洋是民主之母的一个重要原因。"诚哉斯言！

（十四）制度和规则

在文昌和潭门渔民社会中，存在着许多不成文的约定俗成的制度和规则，例如：（1）男人以捕捞为生的制度，潭门男人只从事海上捕捞，只会"做这个"，不愿从事农业，究其原因是海上捕捞相对比较自由，符合潭门渔民的自由天性；（2）"联帮出海"制度，通常是四艘船或五艘船结成一个"帮"，一起出海，进行海上捕捞作业；（3）船长制度，过去船长通常是船老板（渔船所有者），船长招募船员入伙；（4）船长有绝对的权威，在海上航行，遭遇紧急情况，需要避险时，全体船员要服从船长的决策；（5）船员收入制度，船员收入分成两部分，即固定工资+利润分红，有"风险共担"的意味，因为万一渔船出了事或收成不好，就不会有分红了或分红很少；（6）海上捕捞时不捕鱼，只捕捞经济价值高的海产品的规则，不捕鱼是因为鱼难以保鲜贮存，且价格比较低；（7）捕捞的渔货要销往南洋国家（新加坡、马来西亚、泰国）的制度，南洋国家离海南渔民在南沙群岛的渔场比较近，且渔货在那些国家可以卖好价钱；（8）从南洋国家购进海南紧缺的日用品，运回海南岛销售的制度，这体现了潭门渔民的商业头脑；（9）渔民可自由选择留在南洋国家定居的制度，一些潭门渔民在南洋国家售卖渔货时，不再返回海南岛，在此定居，娶妻生子，成为侨民；（10）渔民可自由选择定居在西沙和南沙群岛上，捕捞作业和销售渔货结束后，一些渔民不想返回海南岛，而在岛上长期居住，成为住岛渔民；（11）《更路簿》制度，出远海要使用《更路簿》来导航，每次出远海，船长都要认真记录各种信息，以便修订和完善《更路簿》；（12）"父子不同船"，以避免一艘渔船出事，父子双双遇难，导致断后；（13）渔民家庭只与渔民家庭联姻的制度，潭门渔民的通婚范围限制在潭门镇的几个渔村里，讲究"门当户对"，几乎不会和海南岛内陆的农业村落发生通婚；（14）"男主外，女主内"，潭门男人负责出海捕捞，女人负责种养、副业、家务、照顾老人小孩；（15）"女人不出海"，过去潭门女人被禁止上渔船，不能去南海诸岛；（16）男孩从小学游泳和潜水，潭门男孩从五六岁开始，要学习游泳和潜水，以培养在海边生存的过硬本领；（17）男孩从十四五岁开始出海，潭门男孩十四五岁就被视为成年，可以出海谋生；（18）祭拜海神一百零八兄弟公的制度，建兄弟公庙，在清明、春节、元宵节等重大节日祭拜，在出海前和归来后祭拜，在航海遇到危险时祭拜，在西沙和南沙群岛上祭拜；（19）衣冠冢制度，如果潭门渔民遇难但不见遗体或长期失踪不归家，家属要在家的后院设立衣冠冢，埋葬遇难者的衣服、帽子等；（20）渔民互相帮助的制度，渔村社区渔民和住岛渔民都要互相帮助，"我为人人，人人为我"。

文昌和潭门渔民所遵循的这些存在于渔民社会人们心中的无形的制度和规则，就像是一条条"习惯法"。习惯法即民间约定俗成的不成文的法律，包括不成文的制度、原则、规定、规则、规矩等，它是人对自己的行为的约束（自律），也是社会对人的行为的无形约束（他律）。当人们能够用习惯法约束自己的行为时，往往得到舆论的肯定和赞扬；当人们的行为违反了习惯法时，则会遭受舆论的批评和指责，并被处以一定的惩罚，以促其改正。马克思和恩格斯曾论述了习惯法：人们"在社会发展某一个很早的阶段，产生了这样的一种需要：把每天重复着的生产、分配和交换产品用一个共同规则概括起来，设法使个人服从生产和交换的一般条件。这个规律首先表现为习惯，后来便成了法律"[1]。

从某种意义而言，自觉遵守"习惯法"的文昌和潭门渔民可谓具有一种"法治精神"，而文昌和潭门渔民社会依靠"习惯法"的无形治理，社会秩序得以建立和维护，人们之间的关系得以和谐和稳定，社会进步和发展得以实现。

（十五）契约精神

文昌和潭门的渔船出海之前，船长（船老板）要和招募到的每个船员约定工资多少和分红多少，以及船员的工作职责和工作内容，达成一个口头协

---

[1]《马克思恩格斯全集（第 18 卷）：第 2 版》，北京：人民出版社，2002 年，第309 页。

议，而没有书面合同。这个口头协议其实就是一个契约，它约定了船长和船员双方的权利和义务：船长有安排船员完成工作任务的权利，同时有向船员支付报酬的义务；船员有获取工资和分红的权利，同时有服从船长安排，履行工作职责的义务。

长期以来，文昌和潭门的船长和船员都能遵守这个契约，合作十分愉快，几乎没有发生过违反契约，发生纠纷的事情。这反映了他们有一种很强的契约精神。

四、海南渔民的海洋文明的局限性

虽然文昌和潭门渔民身上具有很多海洋文明的因素，他们的海洋文明达到了一定的高度，但是，他们也有一些局限性。

首先，文昌和潭门渔民的受教育程度和文化水平普遍不是很高。潭门的男孩通常初中毕业就开始跟长辈出海捕捞谋生了。文化水平不高，使得他们无法对自己的丰富海洋文明因素及其发展历史有一个理性的认识，也无法对其进行系统整理、分析和研究，因而没有留下相关的研究成果和历史记录。

当代潭门渔民作家郑庆杨是一个特例。"通过坚忍不拔的努力，他从一位普通渔民脱颖而出成长为一名乡土作家，完成了《蓝色的诱惑》《蓝色的记忆》和《海洋的叙说》等以海南渔民勇闯西南沙的真实故事为题材的三部纪实文学著作。"[①]郑庆杨的这三部纪实文学著作其实是海南渔民千百年来开发西、南沙群岛历程的真实记录。这是潭门思想文化领域的一个重大突破。

其次，文昌和潭门渔民的海洋文明未能对海南岛其他地区产生影响。文昌和潭门的渔民社会有一定的自我封闭性，很少与外界交流。通婚范围局限于本地渔村渔民家庭之间，几乎不与内陆农村家庭联姻，理由是"我们是做海的，他们是种地的，生活习惯不一样"。

再次，过去文昌和潭门渔民的海洋文明未能被国家重视，从而未能影响国家的海洋政策和海洋治理。这种状况可用"养在深闺人未识"来形容。

---

① 詹长智：《一位乡土作家的人文情怀——读郑庆杨的"蓝色系列"》，载《今日海南》，2009 年第 10 期。

五、海南渔民的海洋文明的意义

（一）海南渔民的海洋文明是中国海洋文明的重要组成部分

德国古典哲学家黑格尔在其名著《历史哲学》中说："就拿中国人来说吧，他们的确有十分发达而壮丽的政治建筑，但是他们自己却以海为限界。因为大海是陆地的尽头，所以他们在大海面前止步，不愿意勇敢地向前迈出关键的一步，因此，他们和海没有什么特殊的感情，不发生积极的关系"[1]，"中国，……占有土地进行耕种，同时也就意味着闭关自守，从而也就无法分享到海洋带给人们的文明。……虽然也会发展航海事业，但是，他们的航海却没有影响他们的文明。"[2] 很多人据此认为中国是个缺乏海洋文化传统的国家。然而，中国人开辟的海上丝绸之路及其南海航海文化是对黑格尔这个"黑中国"观点的一个有力反驳。

虽然古代中国的文明主要还是农耕文明，但其中已经包含了丰富的海洋成分。海上丝绸之路的开辟，说明了古代中国人很早就有了海洋观念和航海观念。他们意识到一望无垠的海洋可以通向肉眼看不见的遥远的国家和地区，他们渴望与海外国家和地区建立政治、经济和文化联系，于是就有了南海航海，有了海上丝绸之路。

海南渔民的海洋文明是中国海洋文明的重要组成部分，也是南海航海文化的重要内容。虽然海南渔民的海洋文明存在一定的局限性，但它应该是海南文化的最大亮点。海南文化相当丰富，包括黎族文化、苗族文化、回族文化、海口汉族文化、儋州汉族文化、疍家文化、文昌和潭门渔民文化等等。在所有这些文化中，文昌和潭门渔民文化含有的海洋文明因素最为丰富。而海洋文明是现代社会肇始的根基，海洋文明的内容成了现代文明的重要内容。

---

①〔德〕黑格尔：《黑格尔历史哲学》，潘高峰译，北京：九州出版社，2011 年，第 214 页。

②〔德〕黑格尔：《黑格尔历史哲学》，潘高峰译，北京：九州出版社，2011 年，第 211 页。

（二）海南渔民在创造海洋文明的过程中为国家做出了杰出贡献

世世代代文昌和潭门渔民通过在南海"耕海"，过上了他们想要的生活，推动了海南沿海渔民社会的发展和进步，同时也为形成和维护中国对南海诸岛及其附近海域的主权和海洋权益做出了杰出的贡献。正如海南历史文化研究专家周伟民教授所言："潭门渔民对于中国有三大特殊贡献：1. 潭门渔民创造了海南岛的海洋文明精神；这种海洋文化精神有别于其他靠海的兄弟省市。2. 潭门渔民为中国拉回了西沙、中沙、南沙三大群岛，他们能把千里之外的几大珊瑚群岛拉回祖国的怀抱。他们又用'更路簿'指引的航线，把三沙上面的一座座珊瑚礁，用一条条记在心里的更路与中国连接起来，这一条条航线又是潭门渔民用生命连接起来的。3. 没有潭门镇，就没有今天中国的三沙市，因为潭门渔民是'两栖动物'：潭门镇是他们在陆地上的家，三沙是他们海上的家，他们是珊瑚礁上的居民，没有这些居民，三沙市的居民从哪里来？所以得出结论：'有潭门镇是中国的幸运。'"[①]

潭门渔民对国家的贡献得到了习近平总书记的高度肯定。2013 年 4 月他在海南考察期间，听说了渔民们维护中国南海权益的感人事迹后，很受感动，对渔民们说："南海是我们的祖宗海，也是你们讲的责任田。我们在保卫主权、安全、国家统一上寸土不让。"[②]

如今，潭门渔民的海洋文明及其《更路簿》文化已经得到了政府和学界的足够重视。2008 年国家将《南海航道更路经》列入国家级第二批非物质文化遗产保护名录。随后，海南省政府将一批文昌和潭门渔民确定为"海南省非物质文化遗产项目南海航道更路经代表性传承人"。在学界，有关潭门渔民的海洋文明和《更路簿》的研究成果越来越多，甚至有学者呼吁建立一门显学——"更路簿学"。

由此看来，海南要实现从海洋大省转变为海洋强省，需要海南人的思想观念的更新。而挖掘、研究和宣传潭门渔民的海洋文明，将有助于实现海南人的思想观念的更新。当然，这必然是一个长期的过程。

---

① 周伟民、唐玲玲：《南海天书——海南渔民"更路簿"文化诠释》，北京：昆仑出版社，2015 年，第 85—86 页。

② 罗保铭：《坚定不移实践中国特色社会主义——深入学习贯彻习近平同志考察海南重要讲话精神》，载《人民日报》，2013 年 8 月 30 日。

结语

当代中国要建设"海洋强国"，海南要建设"海洋强省"，这是一个国家、一个省在落后了很多很多年之后，在世界发展洪流面前的"后知后觉"。建设海洋文明是"海洋强国"和"海洋强省"的关键，因为海洋文明孕育了流动、开放、开拓、探索、自由、平等、民主、商业和财富。如何建设海洋文明？我们可以从海南渔民的海洋文明中汲取丰富的养分，获得许多启迪。

南洋历史文化研究

近现代新马华人文化精英与新马汉学述要

高伟浓①

【内容提要】近现代在新马地区承担汉学传播历史使命的，多是在国内接受过良好传统文化教育、通晓诸子百家的华人知识分子精英。他们主要立足于对儒家思想的研究，致力于包括经、史、子、集在内的儒家经典的通俗化解说，同时把中国古代典籍和古代文学作品翻译成英文和当地语文，为中华文化传统在华人社会尤其是侨生华人中的传承和弘扬做出了重要贡献。20世纪上半叶发生在中国的"儒学宗教化"运动，在新马地区逐渐与其既定宗旨脱轨，在当地华人社会演变为一场传统文化普及运动。

【关键词】新加坡；马来西亚；华人；汉学

中华文化博大精深，汉学研究是其中一个重要方面。所谓"汉学"，本是指域外外国人对"中国学"的研究。历史上，越南是中国各种传统思想南传的第一接收站，也是非华人"汉文化圈"中受影响最深的地理区块。但近代以来，新马地区成为中国各种思想文化的新接收站。除越南外的东南亚其他一些地区，特别是新马地区。近代出现在新马地区的东南亚汉学，可分为西方人在东南亚的汉学、东南亚当地人的汉学、东南亚华人的汉学三大类，本文所分析的是第三类。华侨知识分子精英对近代"汉文化圈"的形成与扩大起了关键性作用。跟历史上东南亚的汉学接收者为外国人（越南人）的情况不同，近代东南亚的汉学开创者和接收者，基本上是居住在当地的华侨。

一、汉学研究与传播机构

新加坡华人的汉学研究始于 1881 年。这一年也可以视为东南亚华人汉

---

① 作者简介：高伟浓，暨南大学教授，中国东南亚研究会副会长。

学研究之始。[①]主要标志有二：其一，这一年清政府派遣的第一位领事左秉隆到达新加坡，开始倡导中国文化研究；其二，新加坡第一份华文日报也在这一年问世。左秉隆就任新加坡总领事后，1882 年成立"会贤社"，组织当地士子开展以研习中华传统思想为主题的活动；1899 年，邱菽园编出一套两本"浅字文"，1902 年又编写《新出千字文》，倡言"为欲便于童蒙……，冀其肤浅"。这本《新出千字文》以儒家精神为根本，讲述修身、处世、待人的道理，共分放怀、当境、治家、怀旧、无邪、知本、交修、多识等八章，始以"天日在高，地水居卑，老翁徐步，幼孩相随"，而终以"望汝韶会，超越寻常"，模仿旧本《千字文》，词语浅白，确实更适合当地实用；林文庆 1891—1915 年间在《海峡华人杂志》等刊物上用英文发表了多篇有关儒学的论文，如《儒家对人性的看法》《儒家的宇宙论和上帝观》《儒家伦理的基础》《儒家的国家观念》《儒家在远东》等。1929 年，他又完成了屈原《离骚》的英译；李金福的《至圣孔夫子传》，是第一部用马来文撰写的介绍孔子的专著，1897 年在雅加达出版后又多次重版。他还同人合译了《孝经》；继之而起的郭德怀，对中国传统文化、伊斯兰教、基督教都有研究。他用马来文翻译了《大学》《中庸》，并撰有《至圣先师孔夫子》《老子及其学说》《庄子及其学说》等。此外，还有中国古代通俗小说被大量译为马来文，等等。[②]

新加坡的汉学研究和传播，主要集中在两所大学的中文系和一些学术团体。一是新加坡国立大学中文系。在作为新加坡国立大学前身的马来亚大学成立 4 周年时，校方鉴于中文高等教育是大学教育的重要一环，加上新马华人社会正筹备创办南洋大学，认为中文系有迫切开设的必要。经两年筹划，中文系于 1953 年 10 月正式开课。先是由贺光中（此前曾任港大中文系代主任）主持中文系系务 13 年，1966 年始辞卸行政职务后，暂由林徐典博士代理。其后相继主持系务者，有饶宗颐、王叔岷、林徐典诸教授。中文系教师先后有周辨明、钱穆、王震、赵泰、李廷辉、稽哲、林尹、程光裕等。他们皆为蜚声国际的专家学者。该系课程，多为中国传统文史课程。1955—1956年间，由该系教师筹组的中文学会宣告成立，其目的一是促进中华文学与文

① 贺圣达：《近代东南亚的汉学研究》，载《云南社会科学》，1999 年第 4 期。
② 贺圣达：《近代东南亚的汉学研究》，载《云南社会科学》，1999 年第 4 期。

化的研究，二是对中西文化做比较研究，三是出版学报。从 1959 年起，中文学会的管理交由本系同学全权负责。此后该会开展一系列学术活动，包括邀请校内外和途经当地的各国汉学家到校做专题演讲，开设中画班、华文班和太极拳班、组织旅行团、考察各国古迹和教育机构等，还经常举办研讨会、辩论会、茶话会。

二为南洋大学中国语言文学系。在新加坡大学中文系开设以前，新、马的华人社会即已筹办南洋大学。南洋大学中国语言文学系（中文系）并入新加坡大学以前的课程，包括中国文字学、中国声韵学与训诂学、中国语言学与文字学专题，还有中国目录学与校雠学、诗经与楚辞、中国诗词、中国哲学史、道家与法家思想、论语与孟子、中国哲学专题等。南洋大学中国中文系和史地学系设置均甚早。

在新加坡这个岛国，南洋大学拥有华、巫（即马来）、英、印（度）四大源流的文化传统。为了贯彻创立南大的宗旨，曾于 1970 年开始设立研究院；为了配合亚洲文化研究所业务的开展，同年筹设李光前文物馆，以库藏和陈列有关亚洲方面具有历史价值的文献及具有美术价值的器物，并在 1972 年 6 月出版文物汇刊第一号，由该馆主任黄勖吾教授任主编。

新加坡的学术团体有新社，社长为兼庆威，名誉社长有王叔岷、李孝定、周策纵、柳存仁、高明、饶宗颐等教授，此外有南洋学会和中国学会等。后者创设于 1949 年 1 月 22 日，曾有《中国学报》（兼收中、英文作品）刊行，会长为李绍生，永久会员有 Mrs. Anna Abisheganaden, Mr. J. D. Duncanson, Dr. Gwee yeeHean（魏维贤）、连瀛洲、陈之初等 89 人，会员有洪令经、许云樵、黄勖吾、曾昭谷、翁同文、Miss Aileen Yip 等 170 人。

马来西亚的汉学研究，可以以马来亚大学的中文系为例。马来亚大学于 1949 年 10 月 8 日正式成立，为一间向马来亚和新加坡的居民提供教育的国家大学。该校中文系设置于 1963 年，除了文、史、哲类课程外，还包括"中国考古学""中国科学技术研究"以及"星马华人社会结构及其文化"等课程。最先应邀来校策划创立该系者为郑德坤博士，其后相继为系主任者，有王庚武、傅吾康（Wolfgang Franke）、何丙郁等教授。何丙郁教授主持系务期间，曾于 1965 年至 1972 年先后礼聘钱穆博士、郑德坤博士及王叔岷教授为客座教授。钱氏主讲中国思想史；郑氏曾主讲中国艺术及中国考古学；王氏于 1967—1971 年间主讲了庄子、刘子、陶诗、校雠学、史记等课程。

傅吾康原为德国汉堡大学汉学系主任，20 世纪 70 年代被礼聘为客座教授，主讲明史及清末民国初年史的课程。1980 年前后，该系又增聘陈志明博士、林水檺为讲师。

除了大学外，南洋地区的汉学学术团体，以马来亚皇家亚洲学会（R.A.S.M.B.）和中国南洋学会为较早。前者创立于 1877 年，后者成立于 1940 年。南洋学会主办的学报创刊于 1940 年 5 月，翌年 6 月因日军南侵而停刊，直至 1946 年恢复。该学报与《亚洲学报》（巴黎）、《通报》（莱登）、《远东考古学院院刊》（越南）等，同为国际汉学界所注目的刊物。在大马弘扬华文教育的一般性刊物，以槟城的《教与学》月刊创办较早，销路也很广；另有吉隆坡马来亚大学华文学会 1964 年出版《斑苔学报》一种，中、英、马来文作品兼收。撰文者以本系教师为主，除学生、研究生习作外，亦兼收外稿。惜只出 5 期，即因学会解散而停办。

新加坡国立大学中文系教师 1955—1956 年间筹组了中文学会，其中一个重要目的是每年出版一期《中文学会学报》，发表中文系师生学术研究和文艺创作方面的成果。该学报自 1959 年 12 月创刊以来，皆按期出版，每期稿件往往达 20 万字以上，后停刊。历史系学会关于中国史研究方面，则有《读史记》刊行，由该系师生执笔，年出一本，似出至六七期而止。此外，南大亚洲文化研究所刊物及《南大学报》各期中，刊载文、史两系教师的论著甚多，此处不赘。

新加坡新社的出版物，有新社文艺（出至第 24 期，1967—1972 年），《新社学报》（Hsin-she Hsueh-pao，出至第 5 期，1967—1973 年），《新社季刊》（出至 20 期，1968—1974 年），《新社学术》丛书两种，《新社文艺》丛书共 10 册（1969—1971 年），《新马华文文学大系》（共出 8 集，1971—1974 年）。其中，《新社学报》为一学术性刊物，旨在刊布社员对语言、文学、历史及哲学之研究心得，间亦收外稿，于每年 12 月出版一期。《新社学报》中、英文兼载，自创刊至第 5 期止，几乎全为汉学论文。各期作者多为新加坡大学中文系，南洋大学文、史两系，马来亚大学和香港大学中文学系的教师。《新社学报》自 1978 年起，改由郑良树、魏维贤任主编，并改名为《新社学术论文集》，出两辑而止。自 1969 年以来，新加坡学人的著述，除见于上述学报、会刊、纪念刊、论文集者外，尚有发表于当地报章特刊者。这些研究属经典的汉学研究无疑。

另有《大学文艺》一种，出了 5 期，后因华文学会解散而停止。今天马大的传统汉学已无昔年之盛，但仍有持之以恒者，包括近十数年来留学中国著名学府（如北京大学）而获博士学位者在默默耕耘，其志可嘉。

当年东马的田野考古情况也值得关注：1966 年秋，沙捞越博物馆在古晋邻近继续田野考古工作时，马大客座教授郑德坤博士曾往考察，发现了许多有关南洋古代史的宝贵资料，其中大部分与中国的历史文化有密切关系。据云自 1939 年印度考古学家威尔斯博士在北马吉打州发现 40 座兴都陵庙后，马政府与联合国教科文组织已提供援助，拟重建兴都陵庙。其发掘技术及研究工作，曾由马来亚大学与吉隆坡国家博物院协助进行。但不清楚目下状况如何。

当时大批汉学大家中，有今已故去的饶宗颐。饶先生 1917 年生，字伯濂、伯子，号选堂，广东潮州人，幼承家学。他与东南亚汉学的渊源是 1968 年至 1973 年应新加坡大学之聘出任中文系教授兼系主任。在此期间，他游历新加坡、马六甲、槟城等地，搜集华文碑刻，后整理成《星马华文碑刻系年》。他的学问几乎涵盖国学各个方面，著述等身。据饶宗颐本人归纳，他的著述类别可分为：敦煌学、甲骨学、词学、史学、目录学、楚辞学、考古学（含金石学）和书画等八大门类。香港大学和他的家乡都建有"饶宗颐学术馆"。在 2013 年 3 月 23 日上海举行的第五届世界中国学论坛上，饶宗颐被授予"世界中国学贡献奖"。2014 年 9 月，获首届"全球华人国学奖终身成就奖"。

中国学会的研究成果甚是丰硕。在马来西亚华人宗教史迹研究方面，傅吾康对三一教主林兆恩及其徒众在新马一带的分布情形，曾有过深入研究。马大汉学系助教朱金涛撰《吉隆坡寺庙考》，专收华人庙宇，内容以佛、道及其他相关宗教为主。至于搜辑马来西亚的华文碑铭工作，自 1970 年以来，陈铁凡、陈璋二人曾利用马大假期，先后往南、北马探访寺庙及冢墓遗文，先撰《马来西亚金石木刻文字长编》，作为纂辑《马来西亚金石志》之张本。而傅吾康主持的《大马华文金石木刻图录》（笔者注：一作《马来西亚华人碑铭集录》）多卷本，经他多年与陈铁凡编译、考释出版。

傅吾康（1912—2007）应是上列汉学家中唯一一位非华人教授。他是当代德国著名的汉学家和战后汉堡学派的主要代表人物，汉堡大学中国语言文化系名誉教授，也是福兰阁子女中唯一一个继承父业的。他精通中、英、德文，一生潜心研究明清史、中国近代史和近代东南亚华人碑刻史籍，著作丰富。傅吾康在 20 世纪 50—70 年代还先后担任了美国哈佛大学客座研究员、马来亚大学、新加坡南洋大学和檀香山夏威夷大学的客座教授等职。他一生潜心研究东南亚华文碑铭史料，与陈铁凡合编《马来西亚华文铭刻汇编》多卷。2000 年 6 月，马来亚大学中文系毕业生协会出版了一本《庆贺傅吾康教授八秩晋六荣庆学术论文集》，以表彰他对东南亚铭刻资料搜集及编纂方面的贡献。

1981 年，著名历史学家许云樵撒手尘寰。有人说，他的离世，标志着一个时代的终结。与他同一时代的学人，如张礼千、姚楠等人所建立起来的"南洋研究"，至此中绝。而在此前后，"华人研究"兴起。但笔者认为，迄今还没有研究者说得清楚"华人研究"与昔日"南洋研究"的传承关系。与传统汉学的研究领域和手段不同，华人研究所涉学科领域显然广博得多，所用学科手段越来越趋于多样化。也应看到，今天能够游刃自如地进行传统汉学研究且有志于此道者，确实是凤毛麟角。并非夸张地说，以如今之汉学现状，能有学人传承薪火，俾不致中绝，已是善莫大焉。然而对作为汉学皇冠上的明珠的传统经、史、子、集的研究，的确愈显褪化。当此中华文化传承之盛世，若要"举逸民，继绝学"，并不乐观。

顺便指出，泰国、印尼和菲律宾的汉学研究不大详明，但据现有情况来看，自然难以跟新、马相媲。研究队伍亦甚薄弱，难副所望。特别是经过数十年的风云变幻，老者老去，年轻学者难以继任，应是普遍现象。当时，这几个国家的汉学资料极为丰富，足资后来之有志者静心研之。又比如，曼谷北部的中国式建筑多，极具研究价值。印度尼西亚历史上侨寓其间的华侨甚多，遗留下来的中文金、石、竹、木等铭志亦不少。若他年有条件时再重行研究，想亦善莫大焉。

汉学在新马地区的广泛传播，使得人们对作为文化载体的出版物的需求日益增多，不少书籍需从中国内地进口，新马地区因而成了东南亚的中文出版物最多的地方，也涌现出大批中文读者。新马地区文化精英众多，中华文化研究盛行，与这一带存在着广泛的中文读者密不可分。位于马来西亚吉隆坡市中心一个繁华街角二楼的学林书局就是突出的例子。学林书局老板谢满昌，祖籍广东新会，1941 年 12 月出生于吉隆坡，除普通话外，还精通英语、马来语、日语、德语、法语。生前担任过星洲日报高级记者、星槟日报中南马营业主任、商务印书馆（马）有限公司董事经理、世界书局副经理，以及学林书局董事经理等。从外表上看，学林书局没有什么特别之处，安静而不引人注目。然而，学林书局一年中只在农历新年期间休息三天。不管是什么节假日，书局总是敞开大门迎接读者。马来西亚的全国性公共假期约有40 天，学林书局是吉隆坡极少数在公共假期不休息的书店之一。20 多年前，学林书局的采购方式还很传统，只能通过参加广州图书交流会、观看图书出版目录，或通过书信、传真等方式进行交流。主要采购区域包括广州、北京、天津和上海。随着时间的推移，马来西亚来往中国十分方便，谢满昌亲自前往中国采购图书。他每个月或每两个月都会从中国进口新的书籍，并穿越大江南北，甚至曾经两次前往遥远的新疆和西藏。他到访过中国几乎所有地区。每次回国，都会带着一些稀有的手稿和早期印刷物，这些东西迅速引起了顾客们的浓厚兴趣。此外，学林书局还出版了不少中国学者撰写的图书。

二、汉学的变革：新加坡的案例

在新加坡，儒学或曰孔学、孔教，一直被认为是中国传统文化的正宗，在一切思想流派中具有无可争辩的统治地位。新加坡是在清代通过当时的著名学者和外来著名儒学大师，引入儒学并将之通俗化，并实现中西融通（通过翻译等手段）的海外国家（地区）之一。在世界上其他有华侨居住的地方，历史上也曾经流传乃至盛行儒学，就是新加坡周邻其他地方，也曾出现过传播儒学的亮点，但这些地方一般都是少数华侨"名儒"及追随者之间的行为，而不像新加坡这样，由一大批传统知识分子集体推动，并得到华侨社会的正面响应和外来儒家学者的强有力支持。

在东南亚地区，像新加坡这样传播儒学的地方，或许只有越南可与之相媲。古代传到越南的中华文化，虽然丝毫不可与中国本地比美，但越南的中华文化的主要传播主要是依赖越南国家政权的力量（虽然也有华人的贡献）。越南通过政权的力量推行儒学，时间长得多（从它独立算起就有 1000多年的历史），不过越南没像新加坡那样，通过与西方文化的对接与碰撞以及儒学经典的英译来拆除"中学"与"西学"之间的高墙，实现文化院落的融通，也没有像新加坡那样，通过对深奥艰涩的儒学经典的当代翻译来达至通俗化和普及化。越南在传统儒学的纵向深化上显然超过新加坡，但在近代，没有儒学与西学横向的比较与交汇，没有将之通俗化以及开展对民众的普及，在当时的国际大变局中，容易走向迂腐和保守。不过换一个角度来看，新加坡没有形成越南那样根深蒂固的传统文化的"知识体系"。近代新加坡的中华文化库藏，没有像越南那样完整和体系化。毕竟，新加坡的历史很短，华侨知识分子精英数量也有限，更没有越南那样历经千年的科举制度。历史演进的利钝得失，不是这里要谈论的话题。这里要说的是，新加坡在清末的儒学运动，对这个海岛近 100 年后的历史发展所具有的深刻意义。

儒学是什么时候开始传进开埠时间不过数十年的新加坡的？按照新加坡儒学研究会顾问苏新鋈博士的说法，大约在 19 世纪初，即 1819 年新加坡开埠前后。[1] 如果把开埠之初华侨有意无意带进来的多以"碎片"形式出现的传统中华文化经典当作是儒学传进新加坡的证据，则这一说法大体上是可以接受的。但是，作为体统的以理论形式出现的儒学，在开埠之初显然还不可能存在，那时新加坡还没有足可以承受儒学的载体，例如学校、传播与研究机构、儒学大师、足够数量的受众，等等，尽管那时从福建、广东等省南来的华侨以及从马六甲等邻近地区迁入的华侨居民中，不乏有一定水平的儒学修行者。

19 世纪 80 年代后，儒学在新加坡华人学术圈中已取得了长足发展。这时候出现了积极传播儒家思想的华文报纸。1881 年，新加坡侨领薛有礼创办了第一家文华日报《叻报》。出任该报主笔的，是一位颇有理学功底的安徽士人叶季允（1859—1921）。他在《叻报》上发表了许多文章，介绍儒学的伦理道德观念。之后，又有《天南新报》《日新报》等报纸创刊。这些报纸发表的社论和评论中，不少文章名正言顺地宣传儒学，如《论为善莫先于孝悌》《论诚实乃为人之本》《论为政以顺民为贵》《崇圣学以广教化论》等文章，只看标题便知是标准的中国传统儒学理论文章。

那时新加坡承垫儒学的载体，还有华侨办的文化会社。例如，1890 年黄遵宪创立的"图南社"、1892 年左秉龙创立的"会贤社"，特别是后来身体力行地传播儒学的邱菽园创立的"丽泽社""会吟社"等等。重要的是，这些文化会社并非孤芳自赏，闭门造车，而是广开大门，招纳贤士，形成海

---

① 冯增全：《儒学在新加坡》，载《孔子研究》，1986 年第 1 期，第 117 页。

外传播儒家文化的"兰亭"。众多读书人趋之若鹜，如吸甘露，三月不知肉味。例如 1882 年由左秉隆创立的"会贤社"，几乎每月都举行"月课"，同时讨论征文的题目，宣讲圣谕和诗文酬唱等，题目大多出自四书五经。

在推行儒家思想方面，会贤社更是相当卖力。从光绪八年至十七年（1882—1891）期间，会贤社几乎每月皆由举行月课（如今日的出题征文），而月课的题目多与儒家思想有关。兹举例如下：[①]

光绪十三年（1887）七月课题：人皆可以为尧舜论

光绪十三年八月课题：政贵与民同好恶论

光绪十三年九月课题：臣事君以忠

光绪十四年二月课题：君子学道则爱人，小人学道则易使也

光绪十四年三月课题：子以四教文

光绪十四年五月课题：人人亲其亲长其长而天下平

光绪十四年六月课题：言忠信、行笃敬

光绪十四年九月课题：满招损谦受益论

光绪十四年十月课题：致知在格物论

光绪十四年十一月课题：人之行莫大于孝论

光绪十四年十二月课题：学而不思则罔

光绪十五年五月课题：夫子之道，忠恕而已矣！

光绪十五年六月课题：兴于诗

光绪十五年七月课题：立于礼

光绪十五年八月课题：成于乐

光绪十五年九月课题：志于道[②]

这些都是讨论了数百年上千年的儒学题目。过去人们对传统文化的讨论，不追求标新立异，别出心裁，但要求对答人要有"与时俱进"的发挥，

---

① 关于会贤社月课详情，参梁元生先生：《从一份名录看 19 世纪后期新加坡华人社会中的士人阶层——会贤社》（收录于《早期新加坡的士人社会》）。

② 梁元生先生：《宣尼浮海到南洲——19 世纪末新加坡的"儒学运动"》，载《亚洲文化》，1988 年第 11 期，第 6—7 页。

有创造性的见解，同时不越轨，不偏题。光绪二十二年（1896），新加坡还出现了由林采达用马来文翻译的《朱子家训》。①

随着儒学的普及，新加坡出现了儒学与西学对接的趋向。对接的前提，必须对西方有一个起码的了解。当时林文庆曾经指出，华族迫切需要一种宗教或道德文化，犹如回教徒需要《古兰经》，基督教需要《圣经》。他并认为儒教最为优秀也最适合新加坡华人。华侨精英们知道世界上有回教与基督教等宗教的存在并对之有初步的了解。不管他们的了解是深是浅，都说明当时儒学与西学对接的前提已经具备。

真正实践儒学对接西学的要数黄遵宪，他把"会贤社"改组为"图南社"，仍然继续举行月课，虽然间中也有出题论及儒家思想，如光绪十八年（1892）十二月课题"如不可求，从吾所好"，乃出于《四书》，以及光绪十九年（1893）八月课题"既富矣，又何加焉曰教之"，亦出于《四书》。但在他领导下，图南社的讨论和研究兴趣，渐偏向维新和西学。黄遵宪甚至明言："图南社不出《四书》题，以南岛地方，习此无用也。"②

到光绪二十三年（1897）儒学运动开展后，人们的学术研讨兴趣又回到儒家思想的各个题目上来了。由林文庆、邱菽园为首的一个叫"好学会"的团体，就时常举办儒学的演讲会和座谈会。不过，笔者以为，"好学会"对儒学的"回归"，不是对黄遵宪偏向维新和西学的一次"钟摆"，更非对中西对接潮流的一次"逆转"。如下所述，此时的儒学已在变化中，渐非彼时的儒学了。这从人们关于建立"孔庙学堂"的意向可以看出来。

梁元生说到，在儒学运动期间，新加坡华侨并不满足于一些演讲和诗文活动，有不少人认为：要宣扬儒学，就要有一个更具体更有力的组织来推动，同时也负起学术研究、训练教师和培育人才的责任。他们的构想是建立一座孔庙学堂。

"孔庙"及"学堂"本是两个不同的概念，前者是宗教场所，后者是书院，但是，却被新加坡的华侨精英们糅到了一块。这当然是智慧，也是现实需要。华侨精英们设想，他们所描绘的两条相向而行的理念，最终能够产生

---

① 张品端：《朱子学在新加坡的传播与影响》，载《武夷学院学报》，2011 年第 4 期。
② 陈育崧：《椰阴馆文存》第二卷，（新加坡）南洋学会，1984 年，第 297 页。

交集。应说明，他们拟议中的"孔庙学堂"，不是两间建筑物，而只是一间建筑物，只是其功能"合二而一"而已。

第一个理念，即建立孔庙，把儒学变成孔教而取代其他华人信仰的过程，是儒家被"宗教化"的过程，即，把孔子变成教主，把儒学变成教义，配合孔庙、祀礼等宗教仪式，使儒家变成儒教，取代佛道二教及其他民间信仰，这样，儒教便成为华人的宗教，希望通过这样的"变脸"，使"孔教"跟西方的基督教、非洲和中亚的伊斯兰教等宗教平起平坐。正因如此，早期的儒学运动又称为"孔教运动"或"儒教复兴运动"。要把这一设想付诸实践，无疑是一项艰难复杂的系统工程，实际上他们真的付诸实践了。

第二个理念，即建立学堂，或言之，建立一个兼有研究及培养人才两项功能的场所的过程。计划中的学堂，"设有藏书楼，广购图书及各地报章，供人阅览，又拟邀请儒家学者出任传道师之职，按时宣讲儒家学术。""如果按照一部分人的构想，这个孔庙学堂的计划，不单是研究及宣扬孔子教义，而是一个庞大的组织，其下还包括设图书馆、建格致书院、成立研求会、开医局、办报章等各项计划。"[1]

据说这个计划可能最早是在光绪二十二年（1896）或二十三年（1897）间由丘逢甲向邱菽园提出来的，他的投入也是全身心的。其他重要人物如清朝驻叻总领事罗叔羹、代领事吴世奇等皆有出力，儒士张克诚在报章上多次发表言论，绅商如林志义、黄甫田、杨仕添等捐赀赞助，此外林文庆医生也和邱菽园一样，用笔为文，用口演说，既出钱，又出力，全面投入。这些华侨精英都是这个运动的领袖人物。

但这个计划并未付诸实行。[2]事实上，当时东南亚地区不独新加坡一地有此创意，其他不少地方均有同样的创意，且不少地方已经付诸行动了。例如，在光绪二十四年至二十五年（1898—1899）间，马来亚的巴罗、缅甸的仰光以及荷属东印度的巴达维亚及望加锡的华侨社会中已经先后开始了建庙

---

[1] 梁元生：《宣尼浮海到南洲——19 世纪末新加坡的"儒学运动"》，载《亚洲文化》，1988 年第 11 期，第 7 页。

[2] 丘逢甲《劝星洲闽粤乡人合建孔子庙及大学堂启》中有言："三年前与菽园孝廉书，曾以此事发议。"该文成于 1900 年春，故推算为 1896—1897 年之间。丘文见《天南新报》535 号，27-3-1900。此据梁元生：《宣尼浮海到南洲——19 世纪末新加坡的"儒学运动"》，载《亚洲文化》，1988 年第 11 期，第 7 页。

兴学的实际行动，而新加坡反倒落人之后。邱菽园自己解释说，是他"因病惮劳"，所以"留以有待"。

此时，一些儒学大师级人物对新加坡的访问，对孔教学堂的重新启动起了重要作用。当时访问过新加坡且与儒学运动最有关系的，至少有吴桐林、丘逢甲、王晓沧、康有为四人。吴桐林于光绪二十二年（1896）第一次访问新加坡，提倡建"孔子教堂"之说。光绪二十七年（1901）第二次再来新加坡，极力鼓励本地士商从速兴建孔庙。丘逢甲和王晓沧，也同样为传谕保商之事南来，他们结伴同行，光绪二十六年（1900）三月从潮州出发，下旬抵达新加坡。他们盼望借着尊孔而使海外华侨团结合群，通过建庙兴学使华侨"维国体、开民智、正人心"。康有为在新加坡期间与邱菽园、林文庆等人有过亲密接触，彼此极有可能讨论过南洋的尊孔保教运动。上述几位访问学者对本地的尊孔运动都有一定的刺激及推动作用，虽然他们来新加坡的本来目的并非为了宣传孔教及建庙兴学。光绪二十六年（1900），由于丘逢甲及王晓沧的鼓吹，建庙兴学之议乃再次被提起。以邱菽园、林文庆等为首的一批绅董，成立了一个筹建孔庙学堂的组织，制定章程，筹募款项。于是，这个搁置了数年的计划方始启动，并在光绪二十七年（1901）获华民政务司的同意，再呈英殖民地政府批准。与此同时，各帮商人开始募捐，包括邱菽园及林志义在内（各慨捐 12000 元）的一批儒学名流也捐了款。一时间，众人热心解囊，支持善举。这样的事情，在过去新加坡的华侨社会中司空见惯。[①]

问题的关键不在于"孔庙学堂"动工兴建与否，而在于它的目标设定。且看当时草拟的两份章程：[②]

（甲）暂拟孔教章程：

1. 专设孔庙一座，务极冠冕堂皇。

2. 设师范学堂一所，专习宣传孔教。

3. 专习宣传孔教之士，必须考其品行学问，中选者方为合格，给照宣传。

① 参梁元生：《宣尼浮海到南洲——19 世纪末新加坡的"儒学运动"》，载《亚洲文化》，1988 年第 11 期，第 7 页。

② 此据梁元生：《宣尼浮海到南洲——19 世纪末新加坡的"儒学运动"》，载《亚洲文化》，1988 年第 11 期，第 7 页。

（乙）暂拟中西学堂章程

1. 本学堂兼习中西学问。

2. 大小坡设蒙学堂若干所，兼习中西文字。三年考试，合选者送入本学堂。

3. 本学堂初学华文之生童，宜聘通达英文、兼通官音者为教习。

4. 本学堂华文，专教官音，一边联络一气。

5. 本学堂英文，与本坡大学堂平等。

6. 本学堂华人教习，宜请高等师范先生。

7. 本学堂宜聘高等师范先生为监院。

8. 本学堂建学舍一所，以为各外埠来学子弟食宿之所；而监院即住其中，为之阅照一切。

9. 本学堂将来禀请中国驻叻总领事转详驻英钦差大臣，代奏朝廷，作为中等学堂，诸生毕业后，考试入选者作为秀才，送回中国与试。

可以看出，这两个章程就是极力主张儒学与西学对接和融汇的。其中章程（乙）开明宗义：第一条便是拟建的学堂要"兼习中西学问"；第二条在大小坡设立的若干所蒙学堂，要"兼习中西文字"；第三条对那些初学华文的学童，要"聘通达英文、兼通官音者为教习"。这些都说明了"孔庙学堂"学兼中西的办学意旨。当然，后来由于保皇与革命两党在华侨社会中发生斗争等原因，邱菽园、林文庆等成立教研组织的设想，除了筹建孔庙这一部分外，其余部分在新加坡始终没能实现。

还有一个不可忽略的特点，是 19 世纪末新加坡儒学运动双语化的传播媒介。跟以往不同的是，这时候儒学在新加坡的传播媒介不仅有华文（大部分应是经过改造的与中国本土差异甚大的华文），还使用英语。所以如此，缘因于传播对象的差异，因为新加坡华侨中，早已存在着两类不同教育背景的人，一类主要以华文为背景，另一类主要乃至全部以英文为背景。要向两种教育背景不同的新加坡华侨灌输儒家思想，别无他法，只有使用不同的媒介语。当然，两种教育背景的人也并非等量齐观。主要对象还是前一类教育背景的人。对他们，以华语作为交流手段，目的是"保国合群"与文化回归。至于还有没有使用第三种语言（例如马来语）作为传播媒介，现在还没有看到新的资料，且留待查考。

在传播媒介双语化方面，林文庆尤为突出。林文庆本人是第三代海峡侨生，同治八年（1869）生于新加坡，年轻时受英文教育，是新加坡著名英校莱佛士书院的毕业生。光绪十三年（1887）获得女皇奖学金，即赴英国苏格兰爱丁堡大学习医，是新加坡华人学生获得这项奖学金的第一人。毕业后，于 1893 年回到新加坡行医。他的过人之处在于，他"不务正业"，在行医的同时积极提倡社会改革。他早年倾向西方文化，而于 19 世纪最后 10 年，却逐渐变成儒家信徒。又因受岳父黄乃裳的影响，对中国维新运动和孔教运动甚是关注。他也用华文进行写作，还用英文英语传播儒学，分别发表在《海峡华人》杂志及新加坡海峡哲学会的两份会刊（*Proceedings of the Straits Philosophical Society* 和 *Transactions of the Straits Philosophical Society, Singapore*）上用英文发表了许多篇有关儒家文化的文章。他还在南洋各地多次用英文进行演说，使一些英文教育出身的海峡华人或"峇峇"也对儒家学说产生兴趣，乃至投身于这个运动。[①] 这些人的文化认同也由"英化"及"马来化"转向传统中国文化。当然，这样的人为数不可能很多，但却都是社会精英分子。林文庆的崇儒热情，一直到 20 世纪 20 年代仍然丝毫不减。

　　往事越百年，到 20 世纪 80 年代初，华人问题研究在新马地区如火如荼地得到勃兴。在新加坡和马来西亚，以华人研究为取向的学术团体或组织，多是在 20 世纪 80 年代初期纷纷成立的。1980 年，伴随着南洋大学与新加坡大学合并为新加坡国立大学而成立的国大中文系，便成为新加坡最主要的研究新马华人的学术机构；1982 年，新加坡亚洲研究学会成立，成为本地除了南洋学会外另一个以研究东南亚华人（尤其是新马和印尼华人）为主的学术团体。马来西亚方面，1980 年，马来西亚华社资料研究中心（后改称华社研究中心）成立。这个中心成立的直接起因，是作为吉隆坡开埠者的叶亚来的历史地位此时受到一些非华人的质疑和挑战，引起华人社会的强烈震撼，促使华社更关注华人历史的研究和史料的收集。更重要的背景，则是所谓"华人文化复兴运动"正式掀开序幕。20 世纪 80 年代之初，马来西亚华人社会风起云涌，被认为是一个分水岭。进入 90 年代，学术团体和研究机构的涌现更如雨后春笋。伴随而来的，是各类期刊的问世，专著的出版，文物馆和出版社的成立，地方志的纂写和学术会议的召开，等等。

---

　　① 梁元生：《宣尼浮海到南洲——19 世纪末新加坡的"儒学运动"》，载《亚洲文化》，1988 年第 11 期，第 10 页。

三、孔教会在新马华人社会的演变

顾名思义，孔教会既然曰"教会"，在理论上就属于一个"宗教团体"，它的"教主"，就当之无愧地属于孔子。但是，这个"教主"却是临时"打造"出来的，没有丝毫的宗教传统作为基础。究其缘起是，辛亥革命后不久，一批清朝遗老、封建文人等就相继组织了"孔道会""孔社""尊孔会""孔圣会"等尊孔复古团体。1912 年 10 月 7 日，康有为授意他的学生陈焕章（广东高要人，时方留美学成归国）等在上海成立的孔教会，是这一历史现象的再续，也是各地尊孔复古团体的异军突起之举。该孔教会以"昌明孔教，救济社会"为宗旨，反对革命，力图复辟清室。11 月，在上海设立总会事务所，后经袁世凯政府批准，在全国各地设立分会。此后，人们所知道的尊孔复古团体，就只有这一家了。9 月 27 日，在山东曲阜召开第一次全国孔教大会，举行大规模祭孔活动。11 月，推康有为任总会会长，张勋任名誉会长，陈焕章为主任干事，总会迁至北京。该会曾策动大规模请愿活动，要求定孔教为国教。至 1917 年张勋拥溥仪复辟前后，更是活跃一时。1937 年 9 月，曲阜的孔教总会被国民政府改名为"孔学总会"。由"孔教"改为"孔学"，一字之差，使它的性质由政治团体变成了文化团体。19 世纪末 20 世纪初，清廷已经风雨飘摇，中国的近代化过程开始踏上制度变革之途。作为支配传统中国社会运转的儒家思想，原是在与中国传统制度融为一体的条件下才得以顺利运行的。这一机制，形式上颇类似于中世纪欧洲的"政教合一"。作为封建政权与儒家（"教"）接合的最重要中介，则是隋唐以来运行了一千多年的科举制度。而清末到民国之初制度变革的深入，却使儒家逐渐失去了既有的制度支撑。从 1906 年科举制度的废除，到 1911 年辛亥革命结束封建帝制，再到 1919 年五四运动，政"教"间的关系发生了根本性的断裂。于是，儒家之"魂"，便不再附于政权之"体"。"魂体"剥离，必然在一段时期内造成部分知识分子精英的精神失落。如何在这一史无前例的社会转型中延续儒家的精神香火，便成了摆在传统知识分子面前的一道历史性的棘手难题。于是，他们想到了西方启蒙运动之后的"政教分离"现象，便希冀效仿之，使儒家在脱离权力和政治之后，依然成为中国人的精神支撑。问题是，西方"政教分离"之后的"教"，本来就是标准的宗教（天主教或基督教）；而民国后"政教分离"的儒家，在中国历史上还没有演化为正式的宗教。因此，在传统知识分子精英看来，民国后的"政教分离"，比西方要多一重历史任务，就是要使儒家成为一种中国式的"宗教"，为失去制度性支撑的儒家寻求一种超越于现实权力的"宗教"（稍后即被称为"孔教"）。而宗教的最重要表征是要有"教会"。这也就是人们说的"制度化宗教"。康有为等人的儒学宗教化设想，要走的就是"制度化宗教"之路。于是，儒家以"教会"的形式出现，便成了传统知识分子精英的一项理想设计。

作为一种新潮思想和运动，"孔教"和"孔教会"也以很快的速度扩展到东南亚地区的华侨社会中。其时在不同国家出现的孔教会，多是作为中国孔教会的海外分会存在。但那时中国与东南亚的交通和信息传递渠道毕竟还十分落后，随着各个"分会"各种各样活动的增多，特别是随着孔教会"总部"的变化，各个"分会"实际上便作为逐渐游离于"总会"之外的独立机构存在。1949 年后，孔教会在中国大陆不复存在，东南亚原有的孔教会则仍继续运转。下面且以新加坡、马来西亚的孔教会为例，对这一现象进行粗浅分析。

其一，学院化的新加坡孔教会。孔教会在东南亚最早成立的分会应是"实得力孔教会"（实得力三字为英文 Straits 的音译，即原海峡殖民地新加坡、槟榔屿、马六甲三处的总称）。一般的说法是成立于 1914 年，另一说成立于 1913 年。[①]新加坡南洋孔教会的网站又说，1918 年，北洋军阀政府以国会名义通过决议：订每年夏历八月廿七日为"大成节"，以纪念孔子诞辰。由是南洋各埠纷纷起而响应。槟城、怡保、马六甲等地相继成立孔教会分会。笔者相信 1914 年（或 1913 年）只是某一个最早的"分会"（很可能就是新加坡的"分会"）的发起时间，1918 年后则是各"分会"相继成立的起始时间。

"实得力孔教会"是由发起人新加坡中华总商会诸董事发出公函，召集各界有道之士会商筹划成立的。该会的一个显著特点是得到新加坡商界的强有力支持。众所周知，在新加坡开埠与发展的漫长历史进程中，先后造就了一批经济实力雄厚的商人，而新加坡商人素有崇教兴学的传统。长期以来，

---

①《华侨华人百科全书（社团政党卷）》，南洋孔教会条，北京：中国华侨出版社，1998 年，第 375 页。

他们广建佛道寺观，同时以之作为宗亲会馆活动的主要场所，并积极兴教办学，儒风颇盛。因此，在孔教南传到新加坡时，便顺理成章地最先得到商界的鼎力支持。当时，"实得力孔教会"的会所就附设于中华总商会。最值得注意的是，中华总商会的会员，就是"实得力孔教会"的会员。当时的中华商会会员如果以"帮"为单位计算，则福建帮有 186 人，广东帮 205 人，潮州帮 174 人，仅此三帮人数就已达 565 人之多。此外，会员尚有扬州帮、客家帮、琼州帮 28 名。是则，"实得力孔教会"会员即有数百人，规模不可谓不大。据云后来陈焕章南游并访问此会时，曾盛赞之，称"吾道不孤"。

新加坡商界对孔教会的支持最直接地表现在担任"实得力孔教会"的领导职务。按照海外侨团的不成文规则，担任会社领导职位，无疑意味着对会馆的财务来源负有直接的扶助义务。当时"实得力孔教会"第一任会长为潮帮富商廖正兴。其下的董事，包括林文庆、陈延议、林秉祥、薛中华、薛院武、黄瑞朝、林竹斋、王会仪、陈仙钟、林义项、陈德润、蔡子庸、洪福彰、陈喜亭、谢有祥等，多属工商界巨子和社会名流。显然，他们既是孔教会的中坚分子，也应是孔教会的"财囊"。每年孔诞节日，孔教会均假中华总会礼堂召集各界人士举行庆典，并得到全新加坡的响应，盛况空前。虽然此种盛会仅举行数载便遭人以不合潮流为理由予以反对和阻止，但该会不为所动，每年循例举行庆祝。这些活动肯定耗资不菲。

如果说"实得力孔教会"上述活动最初主要还是作为孔教会存在的标志的话，那么，1926 年孔教讲经会的成立则标志着该会迈向学院化的开始。这一年，孔教总会会长陈焕章得到"实得力孔教会"资助，参加了在日内瓦召开的国际宗教大会后载誉而归，使"实得力孔教会"备受鼓舞。廖正兴遂决定创立孔教讲经会，以传播儒家思想，"挽教世道"。他邀集了一批对儒学有造诣者担任讲席，一时乐意讲经者众。开讲后，听者甚多，反应热烈，成果不俗。于是，诸董事遂趁热打铁，决定创办《国粹》作为会报。短时间内即筹得数万元作为基金，以有限公司名义注册，并购置了印刷机等用具。只可惜 1928 年 5 月 3 日发生"山东惨案"，民情沸腾，反对者乘机阻挠该会活动，出版《国粹》的计划遂废。嗣后，廖正兴辞世，林金殿与李伟南相继续任，林竹斋、王会仪、林志义等骨干又相继谢世，会务虽尚可维持，但该会已经实力大减。1942 年后，新加坡被日军占领长达 3 年零 8 个月之久，该会会务全停。由此计算，"实得力孔教会"历三四十年代之衰，时间长达近

20 年。在这一时期"实得力孔教会"的活动中，主要是以传承儒学经典为大宗。

1949 年，正值孔子诞生 2500 周年纪念，"实得力孔教会"改名为"南洋孔教会"。会长郑振文，其下有林文庆、韩槐准、陈育崧等 17 名新加坡著名人士为骨干。改名后孔教会由过去的以传承儒学经典为主，向广义的文化活动扩展。例如，被认为富有文化艺术修养的总务黄曼士在征求诸董事同意后，搜选历代各类珍贵文物 152 件，筹办了"中国文物展览会"，复又印行《中国文物特辑》。1951 年，孔教会决定组建"星华图书馆筹募委员会"。同年 8 月 27 日，举办孔子诞辰庆典。1952 年 4 月 4 日的董事会议上，董事蔡多华提出，每月举办学习演讲，或集体研究孔子学说，刊行小丛书，以图弘扬孔子学说，警醒人心，匡救时弊。于是，孔教会决定刊行征文，印制孔诞纪念笺，赠送给响应该会征文者及社会人士。1959 年 9 月 29 日，孔教会邀请华校董教联合会与中华总商会假维多利亚剧场联合庆祝孔子诞辰暨教师节，全新加坡 139 间华校校董教师代表及各文化教育团体与嘉宾等近千人出席，盛况空前。借此东风，当时华校董教联合会林逢德建议该会请求新加坡教育部正式规定孔子诞辰为教师节，后获教育部批准。1960 年，蔡多华膺选为会长。蔡多华为世代书香，一生笃信儒家学说，尊奉孔孟。在他长期担任会长后，该会对儒家学说的弘扬大大加强。就任不久，即出版《孔子真谛之一——孔观》一书；1962 年，董事会函聘以往对该会有殊勋的耆宿为名誉会长，中有许戊来、李伟南、杨缵文及郑振文 4 位。又决定刊印《华夏传统思想习惯考略》5000 册；1972 年，孔教会假中华总商会场地，举办中国古今名人书画欣赏会；1974 年 10 月 12 日，孔教会举办庆祝孔子诞辰活动，特邀请孔子七十七代嫡孙孔德成由台湾到新加坡作题为"孔子学说的仁"的演讲；蔡多华之后，前南洋大学创办人之一的李光耀任总理时，曾被誉为华人社会杰出领袖的黄奕欢继任会长。黄奕欢在世时，曾拟发起兴建孔庙，作为孔教会的永久会所。1986 年，盛碧珠女士被推为会长，任内积极推动会务发展，筹措建立孔圣堂。到 2004 年，新加坡的儒学和学术团体再次联合起来，实行门户开放，所有会员都加入了孔教会，也吸引很多学者加入。2007 年，郭文龙从胡克济前会长手中接棒，励精图治，承担弘扬儒家思想的大任。南洋孔教会积极组织诸如讲座、课程等活动，弘扬孔子思想，推动新加坡社会道德规范的建立，促进国家多元文化宗教的和谐。

　　新加坡孔教会的广义文化活动中，最值得提及的要算征文比赛一事。征文活动早在 20 世纪 50 年代初就由庄竹林提议主办，目的是促进社会人士及在籍学生研究孔子学说。到蔡多华担任会长后，征文活动变为比赛，并长期坚持下来。自 1967 年起，每年还举办征文比赛，应征者除新加坡外，还有来自马来西亚、印尼、文莱以及香港等地，十分踊跃。每年夏历八月廿七日举办孔诞庆典，受邀参加者，皆为文化界人士、教授、中学教师及社会名流等，仪式简单而隆重。盛碧珠任会长后，继续举办征文比赛。显然，征文比赛对于调动人们研习儒学，普及儒学的积极意义是不言而喻的。这也是此一活动得以长期坚持的重要因素。

　　其二，从民俗化走向学院化的马六甲孔教会。马来西亚的代表性孔教会是马六甲孔教会，其始源可追溯到二战前就已成立的“联邦圣教会”。现在尚可追溯的会所是在马六甲板底街桥头的云林阁。当年的孔教会，肯定开展过很多重要的文化活动。例如，槟城的中华学校，就是由孔教会创办的。可惜，有关资料今天已难于查寻。二战时，孔教会停止活动，后由廖新兴、杨紫沉、葛馥生等人租下，作为联邦圣教总会会所，并在 1950 年产生首届委员会。马六甲孔教会会长沈慕羽在他 98 岁的暮年回忆说，在战前，各地大城市皆有孔教会的组织，甚至吉兰丹的哥打巴鲁也有孔教会。但在战后，马来西亚的孔教会日渐消失。[1] 后来马六甲的孔教会可能是硕果仅存的孔教会。

　　从马六甲孔教会活动的基本脉络来看，它开始时走的是一条民俗化（或曰民间宗教化）的道路。1950 年产生首届委员会时，由于会务活动相当频繁，大多以民俗为主，有浓厚的民间宗教氛围。它供民间礼拜孔子，会内也举办打坐活动，在农历月中之节办法会，大成节（孔年圣诞）举行祭孔，后因环境变迁、后续乏人等原因而日渐衰微。沈慕羽说，当时的孔子，被人们视为神，孔教会被看作是宗教机构，经常有人去烧香礼拜，及坐禅修道，在农历七月亦有举办庆祝盂兰盆节活动。[2] 总的来说，这时的孔教会将孔子神灵化，“信众”也虔诚膜拜，会内烟火缭绕。到沈慕羽接任主席后，马来西亚孔教会的活动才开始走向学院化。1976 年，杨子沈与廖新兴多次前往见

---

①《南洋商报》，2002 年 7 月 3 日。
②《南洋商报》，2002 年 7 月 3 日。

沈慕羽，要求他领导孔教会。沈慕羽在多位赞助人的慷慨支持下，一月之间便酬得捐款 3 万零吉特（马元），修复了当时位于板底街桥头的千疮百孔、摇摇欲坠的作为孔教会所在的危楼。沈慕羽最重要的举措是取消了祭拜孔子的形式，改为开展学术性的儒家思想活动，从而把孔教会改造为文化学术团体，逐渐迈向学院化之路。沈慕羽认为，孔子是大教育家、哲学家及政治家，把孔教会当作宗教组织是不恰当的。此后，每年阳历九月廿八日的孔诞纪念日，在孔教会礼堂正中的玻璃纤维孔子塑像下，举行简单肃穆的仪式。为配合庆祝孔诞，每年举办专题演讲，主题多与孔子学说有关。2000 年，沈慕羽振臂一呼，展开兴建孔子大厦筹款，捐款如滚雪球般而来。沈慕羽以其独具一格的书法艺术为孔子大厦筹获巨款。[①]2001 年 6 月 20 日，孔教会成立社团注册委员会，起草章程，2002 年 7 月 9 日获得批准，定名"马六甲孔教会"。2004 年 8 月 1 日，该会举行了自己会所的动土兴建仪式，其中高 2.5 米、重 500 公斤的孔子像是由中国山东省政府赠送的。[②]

　　进入 21 世纪以来，马六甲孔教会积极开展传统经典文化活动。例如，2007 年 5 月 6 日，马六甲孔教会举办了别开生面的《论语》知识赛，有约百名学生参赛。沈慕羽希望举办《论语》知识比赛等活动，可以达到宣扬孔子思想的目的，同时检验学生学习孔子精神的成效。马六甲市的中小学纷纷开设经典教学，提倡爱心社会。2007 年 6 月 3 日，马六甲孔教会诗社正式成立，该会学术主任林国安出任社长，余金添、沈慕羽及林源瑞为诗词顾问。林国安说，该诗社将以研究近体诗为主，古诗词和新词为辅。凡是 18 岁以上的大马公民，只要有兴趣研究新旧汉诗，都可成为该社会员。据沈慕羽说，该会在此之前已开办对联班。在诗社成立后，诗词与对联将更能够发扬光大。[③]2007 年 7 月 29 日上午，马来西亚国际书画联盟总会及马六甲孔教会主办、国际书画联盟马六甲及柔佛分会联办的"2007 年第二届沈慕羽杯书法精英赛决赛"。此次比赛是配合庆贺沈慕羽 95 岁大寿而举办的，故比赛方式有别于以往，以考科举的方式进行。沈慕羽主持启封仪式时说，华裔子弟有责任设法传承书法并且将之发扬，甚至要让其他民族也学习书法，让

---

　　① 《南洋商报》，2002 年 7 月 3 日。

　　② 参《目前海外的儒教（孔教）组织简介》，据上海百姓网，2008 年 9 月 14 日。

　　③ 2007 年 6 月 6 日中国侨网据马来西亚《星洲日报》报道。

该文化得以源远流长。他说，书法是中华文化艺术的宝贝，汉字每一个字都是根据自然现象而形成，是华人的天书，为此，华裔子弟必须爱护、接受并发扬书法运动。据说书法运动在大马的发展越来越旺盛，从以往初赛参加人数只有一两百人，到后来出现了 800 人参赛的壮观场面。①2008 年 9 月，沈慕羽还提议所有独中竖立孔子塑像，而华小也应挂上孔子画像，并将孔子的著作编入学校课程中，让同学平时熟读孔子格言，并在周会时向孔圣人行礼，了解做人的道理，将来在社会上做个端正守规矩的人。"如此，学生对孔子才有深刻的印象，学习孔子的修身、齐家、治国、平天下，成为我国（马来西亚）真正的主人翁。"②2009 年 9 月，孔教会举行庆祝至圣先师 2560 周年诞辰公祭仪式，吸引了很多市民前来参加。祭拜仪式首先是上香，接下来献花、献果、献茶、献斋菜、朗读和焚烧祝文、行祝圣献礼、共念敬辞和敬颂"礼运大同篇"，过程简单却意义重大。③不可小觑的是，马来西亚的华文教育坚持的时间很长，很多华人拥有深厚的中华文化基础。这是孔教会走向高水平学院化的最大潜能。

顺便一提，孔教在东南亚传播的另一个主要国家是以孔教的宗教化为特征的印度尼西亚。主要表现在，建立公共宗祠和丧葬组织，在祭祖、婚丧仪式、妇女着装等方面恢复和持华人传统习俗；创制和使用孔子诞辰纪年；把儒学经书通俗化，把儒学经书由中文或荷兰文、英文译成马来文，同时也把经书原文改写成"口语"（白话文），使更多的人能够阅读；孔教组织已经制度化。孔教会在全国统一教义、教规和仪式制度，主动要求将孔教纳入宗教部的管理。到 1955 年印尼共和国建立后，印尼孔教的全国性组织——印尼孔教联合会（目前作为印尼孔教中央领导机构的最高理事会的前身）又重新成立。苏加诺总统执政时期，孔教被承认为全国六大宗教之一，既受到政府保护，也可得到政府的经济资助。由于篇幅所限，这里就不展开了。

---

① 2008 年 9 月 27 日中国侨网据马来西亚《中国报》报道。
② 2007 年 7 月 30 日中国侨网据马来西亚《中国报》报道。
③ 2009 年 9 月 29 日中国新闻网据马来西亚《光明日报》报道。

四、简单的结语

近现代新马的"汉文化圈"说明,能够承担汉学传播的历史使命的,多是在国内接受过良好传统文化教育、精通诸子百家的华人知识分子精英。这些客居东南亚的中国文化精英的名单可以开得很长。他们在居住地乘时造势,燃亮一方,烛照千里。不过,相对于同时代浩浩荡荡的华侨移民来说,他们肯定是人数很少的一群。他们的汉学研究成果,不仅在于其自身作为"华人"的标识,更重要的是标在他们名下的汉学成果的价值取向。

第一,他们的成果主要立足于对儒家思想的研究。虽然东南亚华人汉学承传者生活在东南亚,但深深地影响和熏陶过他们的中华传统文化,仍然是儒家思想。他们的研究目的,是服务于当地华侨。这一点完全不同于西方的汉学研究。

第二,他们致力于包括经、史、子、集在内的儒家经典的"通俗化"解说。实际上这里说的通俗化,是语言表达的浅近化但却是思想发掘的深度化。当然,深化的主观目的是"授人以渔"而非仅仅是"授人以鱼",更非剑走偏锋,故弄玄虚。在东南亚华侨中传播汉学,是让当地大部分接受中华文化教育无多的华侨愿意听,听得懂。所以这一类型汉学,首先要做的工作是中华文化的普及,然后才是在此基础上的提高。

事实表明,东南亚华侨的汉学传播,经历了一个"由浅入深"的过程。所以如此,主要原因是其研究环境与原籍地不同。华侨长期生活在殖民统治下,语言环境变了,许多土生华人不懂中文,即使华侨子弟的中文水平也不高,读不懂中文典籍。如果仍完全沿袭"老家"中国的做法,当地人(包括早期的当地华人)无法接受,也就难以传播。所以,新加坡汉学研究,必须深入浅出,把深奥的儒家学说解说得浅显易懂,以便于当地华人接受。同时对中国传统的经典和一些中国古代童蒙读物进行改造、创新,以便于当地儿童学习。

第三,把中国古代典籍和古代文学作品(主要是通俗小说)翻译成英文和当地语文。近代东南亚是西方文化、中国文化和当地文化的交汇地,华侨受多种文化的影响,其中文化教育水平较高并兼通两种或三种文字者不乏其人。他们深深热爱中国文化,痛感于一些侨生华人不识中文,又同西方人或当地人有较多的接触与联系,于是用英文或当地文字翻译中国古代经典和通俗小说，为中华文化传统在华人社会尤其是侨生华人中继续得到保存、传授，为向西方人或当地民族的人士介绍中国传统文化做出了重大贡献。[①]

对海外华人而言，中华文化最具代表性的便是孔子及其所代表的儒家文化。辛亥革命后，在中国的封建知识分子以成立孔教会方式将儒学改造成为"宗教"的同时，孔教会也在东南亚多个国家诞生。因之，在 20 世纪上半叶，东南亚华侨社会中发生了一场持续数十年之久的思想-宗教磨合运动。笔者认为，这场运动后来逐渐与"儒学宗教化"的宗旨脱轨，成为一场儒学在华侨社会中"当地化"的"普及"运动。"普及"运动基本上属于各个"分会"的独立行为，故儒学在华侨社会中"当地化"便变成了"居住国化"，逐渐产生因应于不同国情和侨情的变异。

---

① 贺圣达：《近代东南亚的汉学研究》，载《云南社会科学》，1999 年第 4 期。

历史上东南亚诸国的贝叶形制表文

——兼论其区域物质文化的相似性[①]

李珣泽[②]

【内容提要】贝叶形制表文使用地区包括大陆东南亚、海岛东南亚（南亚、西亚部分地区亦见记载），其范围覆盖海上丝绸之路沿线国家，是东南亚区域物质文化相似性的反映。本文在故宫馆藏文物研究、东南亚和民族地区文物调查以及文献梳理的基础上，针对历史上东南亚诸国所用的贝叶形制表文进行文物学、民族学、文献学研究，以期厘清贝叶形制表文的基本形制、文化内涵及其所反映的东南亚区域文化相似性特征。

【关键词】东南亚；金叶表文；物质文化

"表文"是历史上藩属国向中国赍送的国书。"贝叶形制表文"按材质分为金叶表文、银叶表文和蒲叶表文，作为重要信息载体，是佛教等信仰体系中重要文字记录系统，或反映国与国间交往，或反映重大历史事件，其材质等级分明、使用制度完备，是历史上东南亚地区物质文化的重要代表。其中：

金叶表文（金质贝叶表文），最早由赤土国（现泰国境内古国）于隋代赍送至中国，唐、宋、元、明、清东南亚诸国皆有使用，大陆东南亚国家（泰国、缅甸、老挝、柬埔寨）和海岛东南亚国家（印度尼西亚、马来西亚、菲律宾）屡见史籍。明始，南亚部分国家（印度、孟加拉国）和西亚部分国家（伊朗）也有使用。银叶表文（银质贝叶表文），等级较金叶表文低。蒲叶表文，等级较银叶表文低。

---

①　基金项目：本文受故宫博物院 2020 年度科研课题"清代宫廷中的暹罗方物研究"（课题编号 KT 2020-10）和北京故宫文物保护基金会学术故宫万科基金资助。
②　作者简介：李珣泽，故宫博物院文博馆员。

　　故宫现馆藏暹罗、缅甸金叶表文多达 20 件套，收藏数量世界居首，本文即着重针对金叶表文进行探讨。历史上使用金叶表文的地区包括大陆东南亚、海岛东南亚以及南亚和西亚部分地区，其范围覆盖海上丝绸之路沿线国家，是东南亚区域物质文化相似性的反映。本文在故宫馆藏文物研究、文献梳理以及东南亚和民族地区文物调查的基础上，针对历史上东南亚诸国所用的贝叶形表文进行文物学、民族学、文献学研究，以期厘清贝叶形表文的基本形制、文化内涵及其所反映的东南亚区域物质文化相似性特征。

一、不同时期贝叶形制表文的相似性

　　二十四史中多有关于中国周边国家的记载，其中不乏关于东南亚国家遣使奉表的记录，保留了许多有价值的信息。史籍中有关金叶表文的记载最早见于隋代赤土国，随后唐、宋、元、明、清东南亚诸多国家赍送金叶表文。

（一）隋唐时期"铸金为多罗叶，隐起成文以为表""黄金函内表"

　　隋唐时期中国与东南亚地区国家交往加深，金质贝叶表文始见史籍，与后代东南亚诸国国书形制一脉相承。此时期遣使奉表的国家有：赤土、堕婆登国、占城与投和等。其国书金质，形似贝叶，部分有金函盛装，作为国书赍送予中国，这些与后期东南亚诸国国书极为相似，显示了其物质文化的相似性。此时期表文的具体形制：

　　隋赤土"以铸金为多罗叶，隐起成文以为表，金函封之"[1]。

　　唐"堕婆登国……亦有文字，书之于贝多叶"[2]。"占城……其表以贝多叶书之，以香木为函"[3]。"投和……遣使以黄金函内表"[4]。

---

　　①〔唐〕魏征、〔唐〕令狐德棻撰，中华书局编辑部点校：《隋书》卷八十二《列传第四十七　南蛮·赤土》，北京：中华书局，1973 年，第 1835 页。

　　②〔后晋〕刘昫等撰，中华书局编辑部点校：《旧唐书》卷一百九十七《列传第一百四十七　南蛮　西南蛮·堕婆登》，北京：中华书局，1975 年，第 5273—5274 页。

　　③〔宋〕欧阳修撰，〔宋〕徐无党注，中华书局编辑部点校：《新五代史》卷七十四《四夷附录第三》，北京：中华书局，1974 年，第 922 页。

　　④〔宋〕欧阳修、〔宋〕宋祁撰，中华书局编辑部点校：《新唐书》卷二百二十二下《列传第一百四十七下　南蛮下·投和》，北京：中华书局，1975 年，第 6304 页。

以上记录指出隋唐时期国书表文的材质、形状、国书的制作方法及装盛的器物,为研究此时期金叶表形制提供了重要信息。"多罗叶",即贝多罗树的叶子,贝多罗树盛产于印度、缅甸、锡兰、马来群岛等地,其形状如扇形,表面平滑坚实,经过制作修整可制成用于书写文字的贝叶,使用贝叶书写宗教典籍最早起源于古印度,此处"多罗叶"即是贝叶。"铸金",此贝叶表章为黄金所制,黄金在古代东南亚有着悠久的使用历史,关于使用黄金的记载在中国史籍中比比皆是,黄金作为贵重金属是财富和权力的象征,体现了对国书表章的重视。"隐起成文以为表",显示了其表章的制作方法。根据对我国西双版纳傣族贝叶经制作工艺的调查,[①] 我国信奉南传佛教的傣族地区贝叶经书写是用硬笔在贝叶表面刻划上文字,金属做的笔尖并没有墨料,只是在贝叶上面留下较深的划痕,不经过涂墨的处理用肉眼很难辨认,为我们理解"隐起成文以为表"提供了借鉴的线索,隋时赤土国表章应是如此形制。唐代国书形制与隋时相似,明确提到书写在贝叶上的表章。其形式与年代相隔不远的隋时赤土国表章相似。对照目前故宫博物院收藏的暹罗国金叶表文,与其形制相似。

此时期东南亚诸国国书形制与贝叶有密切联系,其或直接使用贝叶,在其上刻划文字制成国书表章,或者将黄金制成贝叶状,在金叶上刻划文字制成国书表章。这种在金叶上刻划文字制成国书表章的做法不仅见于隋时赤土国,宋代的"金打卷子""金版镌表",元代的"金字表""金叶书"均为此形制,直到明清时期有了固定称谓"金叶表"。

(二)宋代的金打卷子、金版镌表、金字表

宋代随着海上丝绸之路的兴盛,见诸史籍的东南亚国家逐渐增多,对于这些国家表章的记载也较为详细,这个时期遣使奉表的国家有:真里富、蒲端国、三佛齐国等。其中真里富国表章为"金打卷子"、蒲端国表章为"金版镌表"、三佛齐表章为"金字表"。史料对前两者形制有较为清晰记载,与隋时表章相似,显示了其与前期表章形制一脉相承的关系。此时期表文的具体形制:

---

① 解梦伟、侯小锋:《西双版纳猛罕镇傣族贝叶经制作工艺调查研究》,载《名作欣赏》,2019 年第 12 期。

真里富。"庆元六年八月十四日，庆元府言，真里富国主摩罗巴甘勿丁恩斯里房麾蛰立二十年，遣其使上殿官时罗跋智毛檐勿卢等赍表（其表系金打卷子，国主亲书黑字）……十月一日宰执讲呈次，上曰：真里富国金表已见之，甚可笑。止是金打小卷子，又于木皮上别写一卷，其状屈曲皆不可晓，盛书螺钿匣子又折一足，弊陋之甚，内有数斤缬帛。"[1]

蒲端国。"海上又有蒲端国、三麻兰国、勿巡国、蒲婆众国，大中祥符四年祀汾阴，并遣使来贡。先是，咸平、景德中，蒲端国主其陵数遣使来贡方物及献红鹦鹉。其后，国主悉离琶大遝至亦以金版镌表来上。"[2]

三佛齐。"国中文字用梵书，以其王指环为印，亦有中国文字，上章表即用焉。"[3] "天禧元年，其王霞迟苏勿咤蒲迷遣使蒲谋西等奉金字表。"[4]

真里富"金打卷子"，可知材质为黄金，笔者推测其卷起来为一个圆柱体小卷，打开后为长方形的金制薄片（金叶）。无独有偶，故宫现存的清代暹罗国金叶表在未展开前，也是卷起来保存的，形似一个金制小卷子。"国主亲书黑字""其状屈曲皆不可晓"，可知其进献表章使用的文字为本地的文字，在金质卷子上以普通方式书写文字很难保存，笔者分析其也是先在金卷子上用硬笔刻划文字，然后涂上黑墨，使字迹显现。"盛书螺钿匣子又折一足"，可知其进献表章是用螺钿匣子盛装的，且螺钿匣子还有支撑的足，经考察目前在台北故宫博物院收藏有清代道光年间的金叶表一套，其装盛即为螺钿匣子，在螺钿匣子内用丝帛盛装金筒，金筒内又盛装表文。蒲端国"金版镌表"将其表章的材质、形制以及书写方式都较为清晰地呈现出来。笔者推测其所谓"金版"，即金制的薄片（金叶）。"镌"，雕刻也。"金版镌表"也即将文字刻划在金制薄片（金叶）上的表章，其形制与隋时表章一脉相承，与现存的清代暹罗国表章形制相似。三佛齐其文字"用梵书"，表明了

① 徐松：《宋会要辑稿》，册一九七，北京：中华书局，1957 年，第 7763—7764 页。

② 〔元〕脱脱等撰，中华书局编辑部点校：《宋史》卷四百八十九《列传第二百四十八 外国五·占城》，北京：中华书局，1985 年，第 14084 页。

③ 〔元〕脱脱等撰，中华书局编辑部点校：《宋史》卷四百八十九《列传第二百四十八 外国五·三佛齐》，北京：中华书局，1985 年，第 14088 页。

④ 〔元〕脱脱等撰，中华书局编辑部点校：《宋史》卷四百八十九《列传第二百四十八 外国五·三佛齐》，北京：中华书局，1985 年，第 14089 页。

印度文化对其影响,其表文"金字表"的称谓与元代暹国、爪哇进奉的表章称谓相同,根据史籍对元代"金字表"的描述,其形制与真里富与蒲端国形制相似,均为在贝叶形金制薄片(金叶)上刻划出文字的表章,显示了其与前朝一脉相承的传统。暹罗、爪哇同为东南亚国家,受印度宗教文化颇深,此与三佛齐同,其所献"金字表"显示了东南亚国家在印度宗教文化影响下的物质文化的相似性。

(三)元代的金字表、金叶书

元代对于东南亚诸国进奉的国书有了较为固定的称谓"金字表",偶尔称为"金叶书"。其称谓已与明清两代"金叶表"较为相近。此时期向中国进奉金叶表的国家有:缅国、暹国(金字表)、罗斛(金表)、爪哇(金字表)、马八儿(金叶书)等。

缅国。"缅国为西南夷,不知何种。……其文字进上者,用金叶写之,次用纸,又次用槟榔叶,盖腾译而后通也。"[1]

暹国。"暹国,当成宗元贞元年,进金字表,欲朝廷遣使至其国。比其表至,已先遣使,盖彼未之知也。"[2]

罗斛。"至元二十八年。冬十月乙丑朔,罗斛国王上金表,贡黄金、象齿、丹顶鹤、五色鹦鹉、翠毛、犀角、笃缛、龙脑等物"。[3]

爪哇。"至元三十年……得哈只葛当妻子官属百余人,及地图户籍、所上金字表以还"。[4]

马八儿国。"元世祖十九年十一月戊午……马八儿国遣使以金叶书及土物来贡"。[5]

---

①〔明〕宋濂等撰,中华书局编辑部点校:《元史》卷二百十《列传第九十七·外夷三·缅》,北京:中华书局,1976年,第4655页。

②〔明〕宋濂等撰,中华书局编辑部点校:《元史》卷二百十《列传第九十七·外夷三·暹》,北京:中华书局,1976年,第4664页。

③〔清〕魏源撰,魏源全集编辑委员会编校:《元史新编》卷六《本纪四下　世祖下》,长沙:岳麓书社,2004年,第136页。

④〔明〕宋濂等撰,中华书局编辑部点校:《元史》卷二百十《列传第九十七·外夷三·爪哇》,北京:中华书局,1976年,第4666—4667页。

⑤〔明〕宋濂等撰,中华书局编辑部点校:《元史》卷十二《本纪第十二　世祖九》,北京:中华书局,1976年,第248页。

缅国向上呈递表章，所用的书写材质的等级，最高等级即是用金叶作为书写载体，再次用纸，其次是用槟榔叶。暹国即泰国历史上的第一个以泰人为主体的王国，后与罗斛合并始称暹罗，其在元朝初始即有使用金叶表（金字表）遣使奉贡的传统，追溯此地区金叶表的历史应更为久远。关于以上诸国家金叶表的具体形制，《元史》在"释老"条目记载"必兰纳识里"时提到："以金刻字为表"。条目记载了作为名僧必兰纳识里的生平，以及其通晓梵文及多种文字的能力，更重要的是其关于翻译藩国进奉表章的过程："是时诸番朝贡，表笺文字无能识者，皆令必兰纳识里译进。尝有以金刻字为表进者，帝遣视之，廷中愕眙，观所以对。必兰纳识里随取案上墨汁涂金叶，审其字，命左右执笔，口授表中语及使人名氏，与贡物之数，书而上之。明日，有司阅其物色，与所赍重译之书无少差者。众无不服其博识，而竟莫测其何所从授，或者以为神悟云。"[1] 记载不仅提到了此时期藩国表章的形制"以金刻字为表"，而且还提到了必兰纳识里在翻译过程中处理金叶表章的具体操作"随取案上墨汁涂金叶，审其字"。根据这些具体记载可发现，元时表文亦是在贝叶形金片上用硬笔刻划出文字，然后用墨汁涂在金叶凹陷的文字上使其显现，其形制与故宫所存清代暹罗国金叶表文相似，与前朝贝叶形表文一脉相承。

（四）明清时期的金叶表

明代已对东南亚诸国进奉的金叶表章有了固定的称谓"金叶表"，清代延续明的叫法，亦称"金叶表"或"金叶表文"。关于诸国进奉金叶表的记载如下：

"暹罗国来贡。上金叶表。"[2]

"爪哇……洪武二年……九月，其王昔里八达剌蒲遣使奉金叶表来朝，贡方物，宴赉如礼。"[3]

---

① 〔明〕宋濂等撰，中华书局编辑部点校：《元史》卷十二《本纪第十二　世祖九》，北京：中华书局，1976 年，第 248 页。

② 〔明〕谈迁著，张宗祥点校：《国榷》卷四十九《乙亥正德十年·十二月癸丑朔》，北京：中华书局，1958 年，第 3098 页。

③ 〔清〕张廷玉等撰，中华书局编辑部点校：《明史》卷三百二十四《列传第二百十二　外国五·爪哇》，北京：中华书局，1974 年，第 8402 页。

"三佛齐……明年，其王马哈剌札八剌卜遣使奉金叶表。"①

"西洋琐里……其王别里提遣使奉金叶表，从叔勉献方物。"②

"百花，居西南海中。洪武十一年，其王剌丁剌者望沙遣使奉金叶表。"③

"彭亨，在暹罗之西。洪武十一年，其王麻哈剌惹答饶遣使赍金叶表。"④

"巴喇西，去中国绝远。正德六年遣使臣沙地白入贡……进金叶表……"⑤

"忽鲁谟斯，西洋大国也……王卽遣陪臣已卽丁奉金叶表，贡马及方物。"⑥

"占城国王阿答阿者来贡。上金叶表。长尺。博五寸。夷书。内诉安南侵扰。请兵器乐器。上命中书省檄王。安南已罢兵。所请兵器。助斗。非义也。择尔国数人谙华语者来习乐。并谕福建免占城之榷。"⑦

榜葛剌"其后躬置金筒金叶表文，差使臣赍捧贡献方物于廷。自后贡使亦或一至不常云。"⑧

缅甸"进上文字以针刺于金叶；次以铅笔画精碧纸；次以火烙树酒叶，中国所谓贝叶书也；次以白石管书黑册。"⑨

---

① 〔清〕张廷玉等撰，中华书局编辑部点校：《明史》卷三百二十四《列传第二百十二　外国五·三佛齐》，北京：中华书局，1974 年，第 8406 页。

② 〔清〕张廷玉等撰，中华书局编辑部点校：《明史》卷三百二十五《列传第二百十三　外国六·西洋琐里》，北京：中华书局，1974 年，第 8424 页。

③ 〔清〕张廷玉等撰，中华书局编辑部点校：《明史》卷三百二十五《列传第二百十三　外国六·百花》，北京：中华书局，1974 年，第 8425 页。

④ 〔清〕张廷玉等撰，中华书局编辑部点校：《明史》卷三百二十五《列传第二百十三　外国六·彭亨》，北京：中华书局，1974 年，第 8426 页。

⑤ 〔清〕张廷玉等撰，中华书局编辑部点校：《明史》卷三百二十五《列传第二百十三　外国六·巴喇西》，北京：中华书局，1974 年，第 8429—8430 页。

⑥ 〔清〕张廷玉等撰，中华书局编辑部点校：《明史》卷三百二十六《列传第二百十四　外国七·忽鲁谟斯》，北京：中华书局，1974 年，第 8452 页。

⑦ 〔明〕谈迁著，张宗祥点校：《国榷》卷四《辛亥洪武四年·七月辛亥朔》，北京：中华书局，1958 年，第 452 页。

⑧ 〔明〕严从简著，余思黎点校：《殊域周咨录》卷之十一《西戎·西戎·榜葛剌》，北京：中华书局，1993 年，第 387 页。

⑨ 余定邦、黄重言编：《中国古籍中有关缅甸资料汇编·六、清代中国古籍有关缅甸的记述·45.海客日谭》，北京：中华书局，2002 年，第 1235 页。（王芝：《海客日谭》卷二，光绪丙子石城刊本，第 4—11 页）

此时期各国表文的形制相似：占城表章已由前期"贝叶"转换为"金叶"，其形状"长尺。博五寸。夷书"。形状与故宫博物院收藏的暹罗国金叶表文相似，并且书写本国文字。除形状外，此时期还记载了国书表章的盛装方式，榜葛剌的国书表章盛装在金表筒内，与清代暹罗国金叶表形制相同。此条与《元史》缅甸国表文材质等级的记载相似，可见其一脉相承的传统。

二、不同地区贝叶形制表文的相似性

上文梳理了隋、唐、宋、元、明、清东南亚诸国使用的金叶表，其中大陆东南亚国家（泰国、缅甸、老挝、柬埔寨）和海岛东南亚国家（印度尼西亚、马来西亚、菲律宾）均有使用金叶表文的记载。明时随着对外交往加深，南亚和西亚部分国家也有使用（见表 1）。以下笔者分区域对其中国家使用金叶表形制的相似性进行探讨。

（一）大陆东南亚

大陆东南亚国家赍送金质贝叶表文，隋唐至明清史籍均见。隋唐时期有赤土、投和；宋代有真里富；元代有缅、暹、罗斛；明清时期有缅甸、暹罗、南掌、占城。这些国家位于现今包括老挝、泰国、缅甸、柬埔寨以及越南等大陆东南亚地区。其表文称谓虽因时代、国家不同，但其形制与作用相似。

隋时赤土，地望长期多有争议，或在现今马来半岛，也有学者认为在现今泰国境内。[1]赤土国书"以铸金为多罗叶，隐起成文以为表，金函封之"。[2]

唐时投和，地望在现今泰国境内，据陈序经先生研究，投和就是堕和罗，亦叫堕罗钵底。[3]投和国书"以黄金函内表"。[4]

　　①　韩振华：《常骏行程研究》，载《中国边疆史地研究》，1996 年第 2 期，第 26 页。

　　②〔唐〕魏征、〔唐〕令狐德棻撰，中华书局编辑部点校：《隋书》卷八十二《列传第四十七　南蛮·赤土》，北京：中华书局，1973 年，第 1835 页。

　　③　陈序经：《猛族诸国初考》，载《中山大学学报（社会科学版）》，1958 年第 2 期，第 69—98 页。

　　④〔宋〕欧阳修、〔宋〕宋祁撰，中华书局编辑部点校：《新唐书》卷二百二十二下《列传第一百四十七下　南蛮下·投和》，北京：中华书局，1975 年，第 6304 页。

　　宋时真里富，地望在今泰国东南岸的尖竹汶府（Chantaburi），也有学者认为在今越南东南岸的巴地（Ba Ria），另有柬埔寨暹粒（Siemreap）和泰国佛丕（Phetchaburi）之说。[①]真里富国书"其表系金打卷子"。[②]

　　元时缅国，地望在今缅甸。缅国表文"用金叶写之"。[③]

　　元时暹国，地望在今泰国。是泰国历史上以泰人为主体的王国，后与罗斛合并始称暹罗。暹国表文为"金字表"。[④]罗斛表文为"金表"。[⑤]

　　明时占城，地望在今越南中南部。即林邑、占婆，碑铭做（Champa）。占城"其王奉金叶表来朝，长尺余，广五寸，刻本国字"。[⑥]

　　清时暹罗"进金叶表朝贡"。[⑦]

　　清时缅甸"赍金叶表文"。[⑧]

　　清时南掌，地望在今老挝。"进呈金叶表文"。[⑨]

　　以上大陆东南亚古代国家表文，材质均为金质，形状均为贝叶，均是赍送予中国的国书表章，形制与作用相似。

　　① 陈佳荣、谢方、陆峻岭：《古代南海地名汇释》，北京：中华书局，1986 年，第642 页。

　　②〔清〕徐松：《宋会要辑稿》，册一九七，北京：中华书局，1957 年，第 7763—7764 页。

　　③〔明〕宋濂等撰，中华书局编辑部点校：《元史》卷二百十《列传第九十七·外夷三·缅》，北京：中华书局，1976 年，第 4655 页。

　　④〔明〕宋濂等撰，中华书局编辑部点校：《元史》卷二百十《列传第九十七·外夷三·暹》，北京：中华书局，1976 年，第 4664 页。

　　⑤〔清〕魏源撰，魏源全集编辑委员会编校：《元史新编》卷六《本纪四下　世祖下》，长沙：岳麓书社，2004 年，第 136 页。

　　⑥〔清〕张廷玉等撰，中华书局编辑部点校：《明史》卷三百二十四《列传第二百十二　外国五·占城》，北京：中华书局，1974 年，第 8384 页。

　　⑦〔清〕张廷玉等撰，中华书局编辑部点校：《明史》卷三百二十四《列传第二百十二　外国五·暹罗》，北京：中华书局，1974 年，第 8400 页。

　　⑧〔清〕赵尔巽等撰，中华书局编辑部点校：《清史稿》卷五百二十八《列传三百十五　属国三·缅甸》，北京：中华书局，1977 年，第 14679—14680 页。

　　⑨〔清〕赵尔巽等撰，中华书局编辑部点校：《清史稿》卷五百二十八《列传三百十五　属国三·南掌》，北京：中华书局，1977 年，第 14700 页。

（二）海岛东南亚

史籍中宋代始见海岛东南亚国家赍送金质贝叶表文，元、明均见记载。宋代有蒲端国、三佛齐。元代有爪哇。明清时期有爪哇、三佛齐、百花、彭亨。这些国家位于现今包括菲律宾、马来西亚、印度尼西亚等地区。其表文称谓虽因时代、国家不同，但其形制与作用相似。其中：

宋时蒲端国，地望或在今菲律宾群岛，即棉兰老（Mindanao）岛北岸的武端（Butuan）。[①]蒲端国书为"金版镌表"。[②]

宋、明时三佛齐，地望在今印度尼西亚苏门答腊岛，泛指巨港－占卑一带。[③]宋三佛齐国书为"金字表"。[④]明为"金叶表"。[⑤]

元、明时爪哇，地望在今印度尼西亚，爪哇 Java 岛。[⑥]元爪哇国书为"金字表"。[⑦]明为"金叶表"。[⑧]

明清时期百花，地望尚有争议，或在今印度尼西亚爪哇岛西部。[⑨]其国书为"金叶表"。[⑩]

---

①　陈佳荣、谢方、陆峻岭：《古代南海地名汇释》，北京：中华书局，1986 年，第803 页。

②　〔元〕脱脱等撰，中华书局编辑部点校：《宋史》卷四百八十九《列传第二百四十八　外国五·占城》，北京：中华书局，1985 年，第 14084 页。

③　陈佳荣、谢方、陆峻岭：《古代南海地名汇释》，北京：中华书局，1986 年，第129 页。

④　〔元〕脱脱等撰，中华书局编辑部点校：《宋史》卷四百八十九《列传第二百四十八　外国五·三佛齐》，北京：中华书局，1985 年，第 14089 页。

⑤　〔清〕张廷玉等撰，中华书局编辑部点校：《明史》卷三百二十四《列传第二百十二　外国五·三佛齐》，北京：中华书局，1974 年，第 8406 页。

⑥　陈佳荣、谢方、陆峻岭：《古代南海地名汇释》，北京：中华书局，1986 年，第203 页。

⑦　〔明〕宋濂等撰，中华书局编辑部点校：《元史》卷二百十《列传第九十七·外夷三·爪哇》，北京：中华书局，1976 年，第 4666—4667 页。

⑧　〔清〕张廷玉等撰，中华书局编辑部点校：《明史》卷三百二十四《列传第二百十二　外国五·爪哇》，北京：中华书局，1974 年，第 8402 页。

⑨　陈佳荣、谢方、陆峻岭：《古代南海地名汇释》，北京：中华书局，1986 年，第313 页。

⑩　〔清〕张廷玉等撰，中华书局编辑部点校：《明史》卷三百二十五《列传第二百十三　外国六·百花》，北京：中华书局，1974 年，第 8425 页。

明清时期彭亨，地望在今马来半岛东部，彭亨（Pahang）州一带。[①] 其国书为"金叶表"。[②]

以上海岛东南亚国家表文国书"金版镌表""金字表""金叶表"，材质与大陆东南亚地区国书表文相似，均为金质，形似贝叶，作为国书赍送予中国，显示了两地区物质文化的相似性。

（三）其他地区

南亚和西亚地区个别国家亦有使用金叶表文。史籍中最早出现南亚国家为元代，明时亦见记载，元代有马八儿，明代有西洋琐里、榜葛剌。这些国家位于包括现今孟加拉及印度部分地区。西亚国家出现较晚，明时始见记载，为巴喇西、忽鲁谟斯，位于包括今伊朗等地区。其表文称谓虽因时代、国家不同，但其形制与作用相似。其中：

1. 南亚

元时马八儿，地望在今印度半岛马拉巴尔（Malabar）海岸一带。[③] 其国书为"金叶书"。[④]

明时西洋琐里，地望在今印度科罗曼德尔（Coromandel）海岸。[⑤] 其国书为"金叶表"。[⑥]

明时榜葛剌，地望在今孟加拉国及印度西孟加拉邦地区。[⑦] 其国书为

[①] 陈佳荣、谢方、陆峻岭：《古代南海地名汇释》，北京：中华书局，1986 年，第 766 页。

[②]〔清〕张廷玉等撰，中华书局编辑部点校：《明史》卷三百二十五《列传第二百十三 外国六·彭亨》，北京：中华书局，1974 年，第 8426 页。

[③] 陈佳荣、谢方、陆峻岭：《古代南海地名汇释》，北京：中华书局，1986 年，第 166 页。

[④]〔明〕宋濂等撰，中华书局编辑部点校：《元史》卷十二《本纪第十二 世祖九》，北京：中华书局，1976 年，第 248 页。

[⑤] 陈佳荣、谢方、陆峻岭：《古代南海地名汇释》，北京：中华书局，1986 年，第 692 页。

[⑥]〔清〕张廷玉等撰，中华书局编辑部点校：《明史》卷三百二十五《列传第二百十三 外国六·西洋琐里》，北京：中华书局，1974 年，第 8424 页。

[⑦] 陈佳荣、谢方、陆峻岭：《古代南海地名汇释》，北京：中华书局，1986 年，第 829 页。

"金筒金叶表文"。①

2. 西亚

明时巴喇西，地望在今伊朗。②其国书为"金叶表"。③

明时忽鲁谟斯，地望在今伊朗霍尔木兹海峡中的克歇姆（Qushm）岛东部的霍尔木兹（Hormoz）岛。④国书为"金叶表"。⑤

以上南亚、西亚国家国书"金叶书""金叶表"，材质与大陆东南亚、海岛东南亚国家国书表文相似，均为金质，形似贝叶，作为国书赍送予中国，显示了其物质文化的相似性。

表 1　隋唐至明清不同地区金字表的形制

地区	时代	国家名称	表文形制
大陆东南亚	隋唐	赤土国	"以铸金为多罗叶，隐起成文以为表"
	隋唐	投和	"以黄金函内表"
	宋	真里富	金打卷子
	元	缅国	"文字进上者，用金叶写之"
	元	暹国	金字表
	元	罗斛	金表
	明清	缅甸	金叶表
	明清	南掌	金叶表

① 〔明〕严从简著，余思黎点校：《殊域周咨录》卷之十一《西戎·榜葛剌》，北京：中华书局，1993 年，第 387 页。

② 陈佳荣、谢方、陆峻岭：《古代南海地名汇释》，北京：中华书局，1986 年，第 546 页。

③ 〔清〕张廷玉等撰，中华书局编辑部点校：《明史》卷三百二十五《列传第二百十三　外国六·巴喇西》，北京：中华书局，1974 年，第 8429—8430 页。

④ 陈佳荣、谢方、陆峻岭：《古代南海地名汇释》，北京：中华书局，1986 年，第 521 页。

⑤ 〔清〕张廷玉等撰，中华书局编辑部点校：《明史》卷三百二十六《列传第二百十四　外国七·忽鲁谟斯》，北京：中华书局，1974 年，第 8452 页。

（续表）

地区	时代	国家名称	表文形制
	明清	暹罗	金叶表
	明清	占城	金叶表
海岛东南亚	宋	蒲端国	金版镂表
	宋	三佛齐国	金字表
	元	爪哇	金字表
	明清	爪哇	金叶表
	明清	三佛齐	金叶表
	明清	百花	金叶表
	明清	彭亨	金叶表
南亚	元	马八儿国	金叶书
	明清	西洋琐里	金叶表
	明清	榜葛剌	金叶表
西亚	明清	巴喇西	金叶表
	明清	忽鲁谟斯	金叶表

结语：贝叶形制表文反映的区域物质文化相似性

通过以上对不同时期、不同地域东南亚地区诸国国书表章的梳理，可以发现其形制和功用的相似性，如：同为金质，形似贝叶，部分国家以金函或螺钿盒盛表，作为国书赍送予中国。这些特征与故宫馆藏清代暹罗国表文实物相似。

从时间上来看，隋唐至明清东南亚国家均使用金叶表文。隋唐时期始最早出现金质贝叶表文，《隋书》对赤土国表文形制做了详细描述。宋时东南亚诸国国书延续隋唐时期形制，出现了"金打卷子""金版镂表""金字表"。元时东南亚诸国国书形制与前期一脉相承，出现了"金字表""金叶书"。明时东南亚诸国延续前朝国书表章形制，对这种以黄金为材质、形似贝叶的表文有了固定的称谓"金叶表"。清时东南亚诸国国书与前朝一脉相承，形制没有变化，亦称"金叶表"。从隋唐至明清，金叶表文的使用体现了东南亚诸国物质文化在时间上的延续性。

从空间来看，大陆东南亚、海岛东南亚国家均使用金叶表文。大陆东南亚如赤土、投和、占城、暹罗、缅甸、老挝等均使用金叶表文。海岛东南亚国家如蒲端国、三佛齐、爪哇、百花、彭亨等均使用金叶表文。除此之外，据史籍记载南亚和西亚部分国家也有使用金叶表文。从大陆东南亚国家至海岛东南亚国家，金叶表文的使用体现了东南亚诸国物质文化在空间上的相似性。

以上所见，金叶表文使用时间自隋唐至明清。使用地区包括大陆东南亚、海岛东南亚及南亚、西亚部分地区。两者表文材质、形制以及功用相似，是东南亚区域物质文化相似性的反映。

征稿启事

《海洋文化研究》（*Studies of Maritime Culture*）是海南热带海洋学院东盟研究院、海南省南海文明研究基地主办的学术性辑刊，每年出版两辑，由中国出版集团公司旗下的世界图书出版广东有限公司公开出版，中国知网收录。本辑刊努力发表国内外海洋文化研究的最近成果，反映前沿动态和学术趋向，诚挚欢迎国内外同行赐稿。

凡向本辑刊投寄的稿件必须为首次发表、符合学术规范的原创性论文，请勿一稿多投。请直接通过电子邮件方式投寄，并务必提供作者姓名、机构、职称和详细通信地址。本辑刊将在接获来稿两个月内向作者发出稿件处理通知，其间欢迎作者向编辑部查询。

来稿不拘中、英文，正文注释统一采用页下脚注，优秀稿件不限字数。论文整体及相关附件的全部复制传播的权利——包括但不限于复制权、发行权、信息网络传播权、汇编权等著作财产权许可给本辑刊及世界图书出版广东有限公司使用，上述单位有权通过包括但不限于以下方式使用，除本辑刊自行使用外，本辑刊有权许可第三方平台（含中国知网）等行使上述权利。来稿一经刊用，即付稿酬，并赠该辑书刊 2 册。根据著作权法规定，凡向本辑刊投稿者皆被认定遵守上述约定。

如撤稿，请提交申请，经本辑刊同意后，即可撤稿。

稿件组成结构和格式说明：

1. 题名：黑体。如有基金项目，用圆圈数字上标符号做页下注，含来源、名称及批准号或项目编号。

2. 作者名：楷体。作者简介用圆圈数字上标符号做页下注，内容为所在单位、职称及职务、研究方向，多名作者一一列出。

3. 内容提要：楷体。

4. 关键词：楷体。

5. 一级小标题：序号"一、"；二级小标题：序号"（一）"；三级小标题：序号"1."；四级小标题：序号（1）。小标题用黑体区分，字号比正文稍大。

6. 正文：五号宋体。

如果有图片，独立编号，后加图题；如果有表格，独立编号，后加表题。

7. 文献参考：

（1）为了便于阅读，文献出处采用页下注，每页重新编号，正文中用上标"①、②、③……"。文献著录格式可参考如下：

练铭志、马建钊、朱洪：《广东民族关系史》，广州：广东人民出版社，2004年，第704—705页。

〔美〕Barry Rolett：《中国东南的早期海洋文化》，收录于蒋炳钊主编《百越文化研究》，厦门大学出版社，2005年，第132页。

陈文：《科举在越南的移植与本土化》，暨南大学博士学位论文，2006年。

王氏红：《河内玉山寺刻印的汉喃书籍目录》，载《汉喃杂志》，2000年第1期，第96页。

Kenneth N. Waltz, *Theory of International Politics*, New York: McGraw Hill Publishing Company, 1979, p.81.

Robert Levaold, "Soviet Learning in the 1980s", in George W. Breslauer and Philip E. Tetlock, eds., *Learning in US and Soviet Foreign Policy*, Boulder, CO: Westview Press, 1991, p.27.

Stephen Van Evera, "Primed for Peace: Europe after the Cold War", *International Security*, Vol.15, No.3, 1990/1991, p.23.

（2）如果有文后参考文献表，格式按全国信息与文献标准化技术委员会《文后参考文献著录规则》（GB/T）最新版执行，即按普通图书〔M〕、期刊〔J〕、学位论文〔D〕等分类格式。

投稿一律用 Word 或 WPS。

投稿地址：海南省三亚市吉阳区育才路1号，海南热带海洋学院东盟研究院；电子信箱：whyj2023@163.com。